Christian Paul

Funktionalisierung von duroplastischen Faserverbundwerkstoffen durch Hybridgarne

Christian Paul

Funktionalisierung von duroplastischen Faserverbundwerkstoffen durch Hybridgarne

Adaptive Strukturen durch die Integration
von Formgedächtnislegierungen

VIEWEG+TEUBNER RESEARCH

Bibliografische Information der Deutschen Nationalbibliothek
Die Deutsche Nationalbibliothek verzeichnet diese Publikation in der
Deutschen Nationalbibliografie; detaillierte bibliografische Daten sind im Internet über
<http://dnb.d-nb.de> abrufbar.

Dissertation Technische Universität Dresden, 2010

1. Auflage 2011

Vorwort

Die vorliegende Arbeit entstand während meiner Tätigkeit als wissenschaftlicher Mitarbeiter im Fachgebiet Textiltechnik der Fakultät Maschinenwesen der Technischen Universität Dresden.

Mein besonderer Dank gilt Herrn Professor Dr.-Ing. habil. Dipl.-Wirt. Ing. Ch. Cherif für das mir entgegengebrachte Vertrauen und die fachliche Betreuung meiner Arbeit. Ebenso möchte ich Herrn Professor Dr. rer. nat. habil. Dr. h. c. K.-H. Modler vom Fachgebiet Getriebetechnik für die Bereitschaft das Gutachten zu übernehmen danken. Herrn Professor Dr.-Ing. J.-P. Majschack vom Fachgebiet Verarbeitungsmaschinen und mobile Arbeitsmaschinen danke ich für den Vorsitz des Promotionsausschusses.

Mein Dank gilt auch meinen ehemaligen Kollegen am ITM für das angenehme Arbeitsklima. Besonders bedanken möchte ich mich bei den Herrn Dr. T. Pusch und Dipl.-Ing. M. Schade für ihre fachliche Unterstützung bei der Bearbeitung meines Forschungsthemas. Der Werkstatt und dem Prüflabor, hier besonders Frau Dipl.-Ing. T. Heidrich und Frau M. Stohr, danke ich für die Anfertigung der mechanischen Teile bzw. für die sorgfältige Arbeit bei der Probenvorbereitung und den Versuchsdurchführungen. Meinen studentischen Hilfskräften möchte ich für ihre vertrauenswürdige Hilfe bei den Prüfungen, Versuchsauswertungen und vielen anderen Tätigkeiten danken.

Weiterhin danke ich den Kollegen des Instituts für Festkörpermechanik, hier besonders den Herrn Dr.-Ing. G. Haasemann und Dr.-Ing. M. Kästner, für die gute Zusammenarbeit und fachliche Unterstützung.

Des Weiteren danke ich Herrn Dr.-Ing. R. Michel für seine konstruktiven Hinweise bezüglich der fachlichen und sprachlichen Aspekte meiner Arbeit.

Abschließend möchte ich mich bei meinen Eltern und meiner Familie bedanken, die durch ihre Unterstützung und Förderung mit selbstloser Hingabe und den Glauben an mich ein großer Rückhalt während der Entstehung dieser Arbeit waren.

Christian Paul

Inhaltsverzeichnis

Abbildungsverzeichnis

Tabellenverzeichnis

Wichtige Abkürzungen und Symbole

Abkürzungen

FGL	-	Formgedächtnislegierung
FVW	-	Faserverbundwerkstoff
TITK	-	Thüringisches Institut für Textil- und Kunststoff-Forschung e.V.
UV	-	Ultraviolett
FGE	-	Formgedächtniseffekt
GKSS	-	Gesellschaft für Kernenergieverwertung in Schiffbau und Schifffahrt
PVDF	-	Polyvinylidenflourid
PZT	-	Blei-Zirkonat-Titanat
MFC	-	Macro-Fiber-Composite
PMN	-	Blei-Magnesium-Niobat
Terfenol-D	-	Terbium-Ferrous-Naval Ordnance Laboratory-Dysprosium
TTR	-	Umwandlungstemperatur der zwei Kristallphasen
A_s	-	Austenit-Start-Temperatur
A_f	-	Austenit-Finish-Temperatur
M_s	-	Martensit-Start-Temperatur
M_f	-	Martensit-Finish-Temperatur
NITI	-	Nickel-Titan
OE	-	Open-end
DMS	-	Dehnmessstreifen
FSK	-	Fadenstrukturkörper
GF	-	Glasfaser
CF	-	Carbonfaser
Cu	-	Kupfer
PP	-	Polypropylen
Dy	-	Dynalloy
ITM	-	Institut für Textilmaschinen und textile Hochleistungswerkstofftechnik
IFKM	-	Institut für Festkörpermechanik
RTM	-	Resin Transfer Moulding
FB	-	Faserbänder
V	-	Variante
FEM	-	Finite-Elemente-Methode
RVE	-	Repräsentatives Volumenelement
UD	-	Unidirektionalverbund

Symbole und Formelzeichen

A	-	Querschnittsfläche
A_M	-	Mantelfläche
B	-	magnetische Flussdichte
c	-	spezifische Wärmekapazität
C	-	Steifigkeitstensor
d	-	Durchmesser
d	-	Ladungskonstante
$d_{ij,k}$	-	piezoelektrischer Verzerrungskoeffizient
D	-	Verschiebung, Piezoelektrika
$e_{ij,k}$	-	piezoelektrischer Spannungskoeffizient
E	-	elektrische Feldstärke
E	-	E-Modul
F_{ijkl}	-	Spannungskoeffizient
f_L	-	längenspezifische Kraft
F	-	Kraft
G	-	Schubmodul
h	-	Höhe
H	-	magnetische Feldstärke
I	-	elektrischer Strom
k	-	Kopplungsfaktor
l	-	Länge
m	-	Masse
m_l	-	längenspezifische Masse
M_{ijkl}	-	Elektrostriktionskoeffizient
ΔM	-	Medienkonzentration
n	-	Drehzahl
r	-	Radius
r_l	-	längenspezifischer Widerstand
P	-	elektrische Leistung
R	-	ohmscher Widerstand
R_M	-	Mantelfestigkeit
q	-	Streckenlast
Q	-	Wärmestrom
s^E	-	Elastizitätskonstante
S	-	mechanische Dehnung, Piezoelektrika
S	-	Nachgiebigkeitstensor

S_{ij}	-	Dehnungstensor
T	-	mechanische Spannung, Piezoelektrika
T	-	Temperatur
T_S	-	Schmelztemperatur
T_t	-	Feinheit
TTR	-	Umwandlungstemperatur
U	-	Verschiebung
V	-	Geschwindigkeit
V	-	Volumen
W	-	Gesamtarbeit
α	-	linearer thermischer Ausdehnungskoeffizient
β	-	Quellung
γ_{ijkl}	-	Verzerrungskoeffizient
ε	-	Dehnung
ε^T	-	Permittivität
ε_r	-	Dielektrizitätskonstante
ϵ	-	Verzerrung
λ	-	Wärmeleitfähigkeit
λ_V	-	magnetostriktive Koeffizient
μ^σ	-	freie Permeabilität bei konstanter Spannung
μ_r	-	relative Permeabilität
ν	-	Querkontraktionszahl
ρ	-	spezifischer elektrischer Widerstand
ρ	-	Dichte
φ	-	Faservolumengehalt
σ	-	mechanische Spannung
Π	-	Gesamtpotential

Indizierung, Piezoelektrika

11, 31	-	Transversaleffekte
33	-	Longitudinaleffekt
E	-	konstantes elektrisches Feld
T	-	konstante mechanische Spannung

1 Einleitung

1.1 Präambel

Die Natur arbeitet bereits seit Millionen von Jahren nach dem Evolutionsprinzip, Stoffe und Strukturen entsprechend den bestehenden Anforderungen mit einer hohen Festigkeit bei geringstem Gewicht auszulegen. Beispiele dafür sind unter anderem das Skelett der Säugetiere als Stützstruktur, die Längsfaser im Bambus oder die Zellstruktur von Balsaholz. Nach dem Vorbild der Natur werden zunehmend Werkstoffe entwickelt, die in Bezug auf die Festigkeit und Steifigkeit individuell an die jeweiligen Anforderungen angepasst werden können und hervorragende mechanische Eigenschaften aufweisen. Das geringe Gewicht, die Korrosionsbeständigkeit und die Isolierfähigkeit von duro- und thermoplastischen Matrixsystemen werden dabei ausgenutzt, um durch die Kombination mit Verstärkungsfasern signifikant die mechanischen Eigenschaften in Beanspruchungsrichtung zu verbessern. Ein enormer und zu nutzender Vorteil gegenüber der Natur ist die Möglichkeit, bei der Entwicklung und Fertigung von sogenannten Verbundwerkstoffen zusätzlich noch spezielle Funktionen integrieren zu können.

Ein Forschungsschwerpunkt im adaptiven Struktur- und Systemleichtbau ist die funktionale Anpassung von Strukturen und Systemen im Sinne einer Integration von speziellen Komponenten oder Zusätzen, den sogenannten Funktionskomponenten. Durch die dabei entstehende höhere Funktionalität erscheint es sinnvoll, in der Zukunft auch tragende Strukturen von Bauteilen oder Systemen in adaptiver Bauweise zu realisieren. Somit lassen sich neue Ziele, z. B. der Extremleichtbau, erfolgreich umsetzen. Prinzipiell lassen sich durch die Entwicklung adaptiver Systeme entweder leichtere Systeme bei gleicher Funktionalität oder Systeme mit gleichbleibendem Gewicht mit höherer Funktionalität realisieren.

Die Funktionalisierung mit aktiv arbeitenden Komponenten spielt bei der Entwicklung neuer leistungsfähiger Leichtbau-Konstruktionen eine herausragende Rolle. Durch den Einsatz von Aktoren passen sich solche Strukturen aktiv an veränderte äußere Einflüsse an. Es werden zunehmend bei der Entwicklung und Umsetzung dieser Strukturen sogenannte Smart Materials (Materialien mit mehreren nutzbaren Eigenschaften) neben den herkömmlichen Aktoren, wie Thermostate oder Bimetalle, eingesetzt. In diesem Zusammenhang gewinnen Formgedächtnislegierungen (FGL) für aktorische Anwendungen, integriert in die unterschiedlichsten Matrixsysteme, wie Beton, Elastomere und Kunststoffe, vermehrt an Bedeutung.

Die aktuellen Entwicklungen im Bereich der faserverstärkten Kunststoffe konzentrieren sich zunehmend auf die Erhöhung der Funktionalität dieser Werkstoffgruppe. Als aktive Funktionalisierung wird die Integration von Sensoren und/oder Aktoren gesehen, die z. B. definierte Mess- oder Stellaufgaben übernehmen können. Als adaptive Systeme werden solche Systeme bezeichnet, die über eine ganze Reihe von Aktoren und Sensoren verfügen und die selbstoptimierend auf Umwelteinflüsse bzw. auf äußere Veränderungen reagieren. Dabei ist eine aktive Funktionalisierung u. a. die definiert einstellbare Verformung oder die Formstabilisierung von faserverstärkten Kunststoffbauteilen während beispielweise einer einwirkenden äußeren Belastung. Die Aufgabe der Formgebung kann dabei durch verschiedene Funktionskomponenten, wie Piezokeramiken, elektroaktive Polymere oder FGL realisiert werden.

In den letzten Jahren nehmen FGL als Aktoren in der Forschung und Entwicklung einen immer größeren Stellenwert ein. Dieser Umstand ist dadurch bedingt, dass die FGL von allen heute bekannten Aktoren das größte spezifische Leistungsvermögen auf kleinstem Raum besitzen. FGL wandeln Wärme in mechanische Arbeit um und können aufgrund ihrer Temperaturempfindlichkeit sensorisch als multifunktionale Komponente eingesetzt werden. Durch die multifunktionalen Eigenschaften können FGL sowohl als Sensor oder Aktor als auch zur passiven oder aktiven Funktionalisierung dienen. Daher werden sie auch als Smart Materials bezeichnet [1-4]. Hauptaufgabe der in Leichtbau-Konstruktionen oder Bauteilen integrierten FGL sind u. a. die aktive Schwingungsdämpfung bzw. -kontrolle, die Festigkeitserhöhung, die Verbesserung des Impactverhaltens und die Verformung bzw. die Stabilisierung der geometrischen Form unter der Einwirkung einer äußeren Belastung [5].

Die von FGL erzeugten Spannungen können bis zu 300 MPa bei reversiblen Dehnungen von ca. 3% betragen und sie sind dabei bis zu 100 Millionen Zyklen ermüdungsfrei einsetzbar. Ein wesentlicher Nachteil ist die geringe Taktfrequenz bei zyklischem Einsatz. Dieser Nachteil resultiert aus dem thermisch ausgelösten Formgedächtniseffekt, der im eingebetteten Zustand der FGL durch die geringe Abkühlrate den limitierenden Faktor darstellt. Hervorragend geeignet sind FGL für quasistatische Aufgabenstellungen, bei denen große Kräfte bei relativ kleinen Wegen benötigt werden. Als eine der geeignetsten Möglichkeiten zur Aktivierung des Formgedächtniseffekts hat sich das Beheizen der Formgedächtnisdrähte durch die Joul'sche Wärme herausgestellt, die durch den ohmschen Widerstand eines stromdurchflossenen elektrischen Leiters entsteht.

1.2   Problemstellung der Arbeit

Innovative Leichtbaulösungen mit in die Verstärkungsstruktur integrierten Funktionselementen, wie Aktor- oder Sensorkomponenten, sind besonders für hochbeanspruchte faserverstärkte Kunststoff-Bauteile im Maschinen- und Anlagenbau sowie im Fahrzeugbau von großem Interesse. Ein Schwerpunkt der technologischen Forschung ist die Sicherstellung der schädigungsarmen Verarbeitung von speziellen Funktionskomponenten während der hohen mechanischen und zum Teil thermischen Belastungen entlang des gesamten Fertigungsprozesses. Der Fertigungsprozess beinhaltet bei der Herstellung von faserverstärkten Kunststoffbauteilen aus Hybridgarnen die Einzelprozesse der Hybridgarnherstellung, der Fertigung der textilen Halbzeuge, der Preform- und der Bauteilherstellung. Über den stofflichen Zusammenhalt hinaus muss die Funktionsfähigkeit der integrierten Komponenten über den gesamten Fertigungsprozess erhalten bleiben und für den nachfolgenden Einsatz sichergestellt werden. Die Kombination von leistungsfähigen Leichtbau-Konstruktionen mit einer durch ein Hybridgarn integrierten zusätzlichen Funktion, die Multifunktionalität der integrierten Komponente und die kostengünstige Herstellung der Bauteile durch automatisierte Fertigungsprozesse stellen einen innovativen Beitrag für die Entwicklung von neuartigen funktionsintegrierenden Leichtbaukonzepten dar.

Eine Verformung oder Formstabilisierung von Bauteilen wird bis heute weitgehend durch eine äußere Applizierung von geeigneten Aktoren oder durch versteifende Elemente realisiert. Durch den Einsatz von speziellen Werkstoffen, wie Formgedächtnislegierungen oder piezoelektrische Materialien, lässt sich diese

Aktorfunktion auch durch die Integration in die Struktur des Verbundwerkstoffs erreichen. Die sich daraus ergebende Problemstellung gliedert sich in die folgenden zu lösenden Einzelaufgaben:

- Die Ermittlung einer aktorischen Funktionskomponente zur Verformung oder Formstabilisierung von Bauteilen, welche geeignet ist durch ein Hybridgarn in die Verbundstruktur integriert zu werden.
- Die Schaffung einer Integrationsmöglichkeit unabhängig vom Matrixsystem.
- Die Gewährleistung einer effektiven Ausnutzung des Aktoreffekts bei Integration der Funktionskomponente durch Hybridgarne.
- Die einfache und frei wählbare Realisierung von Krafteinleitungsstellen.

Aufgrund der Tatsache, dass aktorische Funktionskomponenten in der Regel ohne Schutzummantelung direkt in den faserverstärkten Kunststoff eingebettet werden, können bis heute weder die effektive Ausnutzung des gewünschten Effekts noch die frei wählbaren Krafteinleitungsstellen umgesetzt werden. Beispielweise kommt es bei einer Integration von FGL in faserverstärkte Kunststoffe, den sogenannten Faserverbundwerkstoffen (FVW), bei einem direkten Kontakt des Drahtes und der Matrix zu sehr starken Einschränkungen hinsichtlich der Ausnutzung des Formgedächtniseffekts. Durch das direkte Einbetten der aktorischen Funktionskomponenten entstehen erhebliche Einschränkungen in den bis heute angewendeten Methoden für eine Integration dieser Komponenten mit der Funktion der Verformung von FVW.

Eine Verarbeitung von aktorischen Funktionskomponenten zu einem Hybridgarn mit Schutzmantel, bestehend aus Fasern des Verstärkungsfasermaterials, für die effektive Ausnutzung des Aktoreffekts ist neuartig. Gegenstand dieser Arbeit ist die Entwicklung und Umsetzung von textiltechnologischen Möglichkeiten, aktorische Funktionskomponenten mit einem Schutzmantel aus Verstärkungsfasern auszustatten und diese textiltechnologisch in Verstärkungshalbzeuge zu integrieren. Damit lassen sich definiert Verformungen von daraus gefertigten Verbundstrukturen realisieren. Exemplarisch erfolgen die Untersuchungen an der Werkstoffkombination E-Glas als Verstärkungsfaser in Filament- sowie Faserform und Vinylesterharz als duroplastisches Matrixsystem.

2 Stand der Technik und Forschung

Derzeitige Entwicklungen im Bereich der Faserverbundwerkstoffe (FVW) beschäftigen sich zunehmend mit der Funktionalisierung dieser Werkstoffgruppe. Dabei ist die Art und Weise eine Funktionalisierung in dieser Werkstoffgruppe zu generieren derart vielfältig, dass hier zuerst ein allgemeiner Einblick in die aktuellen Entwicklungen gegeben und anschließend auf den Stand der Technik der bearbeiteten Problemstellung überführt wird. Die Funktionalisierung von Verbundwerkstoffen wird in der Fachwelt und Literatur in passive und aktive Funktionalisierung unterteilt. Unter einer passiven Funktionalisierung wird dabei vorrangig die Beeinflussung der mechanischen Werkstoffeigenschaften bzw. eine Immunisierung des Werkstoffes gegenüber einer Belastung, deren Art und Höhe im Vorfeld bekannt ist, verstanden. Das kann z. B. beim Auftreten einer Störfrequenz, die der Eigenfrequenz des Bauteils entspricht, die Veränderung der Eigenfrequenz des Bauteils durch integrierte Aktoren sein [1, 2, 6]. Eine aktive Funktionalisierung ist die Integration von Sensoren und/oder Aktoren, die z. B. definierte Mess- oder Stellaufgaben übernehmen. Ein ganzes System von Aktoren und Sensoren, das selbstoptimierend auf Umwelteinflüsse bzw. auf äußere Veränderungen reagiert, wird als adaptives System bezeichnet. Ein adaptives System beinhaltet somit mehrere verschiedene Arten der aktiven Funktionalisierung mit einer entsprechenden internen oder externen elektrischen Regelung in einem Bauteil.

2.1 Passive Funktionalisierung

Eine passive Funktionalisierung für eine Beeinflussung der mechanischen Eigenschaften von Faserverbundwerkstoffen erfolgt in der Regel durch die Zugabe von Zusatzstoffen bzw. -komponenten in das Matrixsystem oder die Verstärkungsstruktur. Die mechanischen Eigenschaften bisher bekannter Faserverbundwerkstoffe werden im Wesentlichen durch die Ausgangsmaterialien, durch die Verstärkungsstruktur (gekennzeichnet durch Werkstoff und Anordnung) und die Matrix, durch die Grenzschicht zwischen den Komponenten sowie durch den Faser- bzw. den Matrixanteil beeinflusst.

Durch die Zugabe von homogen in der Matrix verteilten Komponenten, z. B. chemische Substanzen oder Nanopartikel (wie carbon nanotubes), werden festigkeitserhöhende oder schlagzähigkeitsverbessernde Eigenschaften erzeugt. Nachteilig ist hier, insbesondere bei den thermoplastischen Matrices, dass die Viskosität dadurch zusätzlich erhöht wird [7]. Ein weiterer Ansatz ist die Zugabe von geringen Mengen an Nanopartikeln, dispergiert in einer Schlichte, und deren gezielte Applizierung auf die Oberfläche von Verstärkungsfasern. So führen bereits geringe Mengen an z. B. single-walled nanotubes sowohl zu einer Erhöhung der Bruchfestigkeit als auch der Bruchdehnung gegenüber Systemen ohne Nanopartikel [8].

Beim Einsatz duroplastischer Matrices werden Verstärkungsfäden in der Regel aus einem Werkstoff (z. B. Glas, Aramid, Carbon) verarbeitet. Die niedrigviskose Matrix wird hier durch Tränkung in die Verstärkungsstruktur eingebracht und härtet durch den Ablauf einer chemischen Reaktion aus. Hier erfolgt häufig eine zusätzliche Beeinflussung der mechanischen Eigenschaften von Faserverbundwerkstoffen durch die Verwendung separater Fäden (auf der Flächengebildeebene) oder separater Verstärkungshalbzeuge (auf der Preformebene) aus einem anderen Werkstoff gegenüber der aus einem Verstärkungsmaterial, z. B. Glas, Aramid oder Carbon, bestehende Verstärkungsstruktur [9].

Aufgrund der in der Regel hohen Viskosität der Schmelze bei der Verwendung von thermoplastischen Matrices ist für die Erzeugung hervorragender mechanischer Verbundeigenschaften eine homogene Verteilung der Verstärkungs- und der Matrixkomponente eine unabdingbare Voraussetzung. Diese homogene Verteilung muss bereits in der Verstärkungsstruktur, z. B. im Faden, im Faserband oder im Faservlies bzw. in der Fasermatte erfolgen. Die Möglichkeit zur Erzielung einer homogenen Verteilung von einer Verstärkungs- und einer Matrixkomponente im Faden ist in einigen Hybridgarnen Stand der Technik [10, 11], die z. B. von Firmen wie Comfil ApS. und Vetrotex® kommerziell angeboten werden.

Des Weiteren gibt es Entwicklungen von lufttexturierten, multiverstärkten Hybridgarnen oder Mehrkomponenten-Hybridgarnen, die mindestens zwei, durchaus aber auch mehr nicht zur Matrix gehörende unterschiedliche Komponenten enthalten. Dadurch entsteht die Möglichkeit zur Beeinflussung der mechanischen Eigenschaften von Verbundwerkstoffen über die Werkstoffzusammensetzung im Faden (auf der Faserebene), welche durch die Integration von zusätzlichen, die mechanischen Eigenschaften beeinflussenden, faser- oder filamentförmigen Komponenten mit homogener Verteilung über den Fadenquerschnitt erfolgt. Diese multiverstärkten Hybridgarne bestehen mindestens aus einer eigenschaftsmodifizierenden sowie einer Verstärkungskomponente. Sie werden über die textile Flächenbildung und/oder Preformherstellung zu duroplastischen (z. B. durch Harzinjektion und chemische Aushärtung) bzw. zu thermoplastischen (z. B. durch Filmstacking oder Pulverbeschichtung mit anschließendem Thermopressprozess) Faserverbundwerkstoffen weiterverarbeitet. Somit führt die gezielte Eigenschaftsbeeinflussung von Faserverbundwerkstoffen durch die Verarbeitung der multiverstärkten Hybridgarne zu einer Erweiterung der Konstruktionsmöglichkeiten textilbasierter Verbundwerkstoffe. Derartig lufttexturierte Hybridgarne zeichnen sich durch eine gute textile Verarbeitbarkeit, einer vollständigen Faserbenetzung mit der Matrix bei der Konsolidierung und einer homogenen Faser-Matrix-Verteilung im Verbund aus [12].

Da eine passive Funktionalisierung zur Beeinflussung der mechanischen Eigenschaften von Faserverbundwerkstoffen nicht Gegenstand dieser Arbeit ist, wird der Stand der Technik zu den Entwicklungen in diesem Bereich nicht weiter ausgeführt.

2.2 Aktive Funktionalisierung

Während bei der passiven Funktionalisierung die Funktion in der Regel nur für einen speziellen Betriebsfall bzw. -punkt ausgelegt wird, erfolgt die Auslegung bei der aktiven Funktionalisierung für einen schmalbandigen Betriebsbereich. Aus bisherigen Forschungsarbeiten [5, 13, 14] wird deutlich, dass über die aktive Funktionalisierung hinaus innovative Konzepte zur Systemidentifikation und Online-Strukturüberwachung, zur aktiven Anpassung an dynamische Strukturparameter, zur vorwiegend statischen Formkontrolle bzw. Formgebung, zur lokalen Vibrationsdämpfung und zur lokalen Positionierung erarbeitet werden müssen. Deshalb konzentrieren sich die Arbeiten zunehmend auf selbstanpassungsfähige Struktursysteme, in denen beispielsweise Sensorsysteme Systemstörungen detektieren, Regelalgorithmen den aktuellen Strukturzustand identifizieren und die geeigneten Maßnahmen zur optimalen, aktiven Anpassung von Strukturparametern (gemäß der Zieldefinition) ermitteln. Die gewünschte Strukturanpassung wird durch Aktorsysteme derart umgesetzt, dass sich die sogenannten adaptiven Strukturen auch bei stark variablen Strukturverhalten infolge sich ändernder Betriebsbedingungen optimal und ohne externen Eingriff an die aktuellen Betriebsbedingungen anpassen [13]. Deshalb werden in der Literatur unter adaptiven Strukturen Substanzen oder Komponenten verstanden, die in eine mechanische Struktur integriert sind und diese Struktur mit Sensor- oder Aktorfunktionen ausstatten, um sich bei geeigneter elektrischen Steuerung oder Regelung selbstständig an die Umweltbedingungen anpassen zu können [14].

Die in dieser Arbeit verfolgte Zielstellung der definiert einstellbaren Verformung von Faserverbundstrukturen durch Formgedächtnismaterialien zählt somit in den Bereich der aktiven Funktionalisierung und ist ein Teil von adaptiven Struktursystemen. Dabei soll zuerst ein kurzer Überblick über geeignete Materialien oder Komponenten gegeben werden, welche hinsichtlich einer textiltechnischen Integration für eine aktive Funktionalisierung von Faserverbundstrukturen geeignet sind. Die spezielle Aufgabe der Formgebung kann durch verschiedene Funktionskomponenten, wie Piezo-Keramiken, elektroaktive Polymere oder Formgedächtnislegierungen, realisiert werden [15-17], auf die im Anschluss detaillierter eingegangen wird.

2.2.1   Sensorisch arbeitende Materialien

Elektrisch leitfähige Faserstoffe

Elektrisch leitfähige Polymere bzw. Faserstoffe liegen entweder als eigenleitende Materialien vor oder werden aus nichtleitenden Polymeren durch Mischung mit leitfähigen Bestandteilen, wie Graphit, Ruß, metallischen oder Kohlenstofffasern, hergestellt. Des Weiteren ist es auch möglich, polymere Faserstoffe mit einem Metall zu beschichten, um ihnen Leitfähigkeit zu verleihen. Mit Blick auf die Wirtschaftlichkeit einer möglichen Anwendung werden leitfähige Filamente jedoch meist durch die Beimischung von leitfähigen Zusätzen hergestellt [18].

Kommerziell angebotene elektrisch leitfähige Fasern und Filamente werden als Voll- oder als Mehrkomponentenfasern hergestellt. Bei Vollfasern (Monofil) trägt der gesamte Faserquerschnitt zur elektrischen Leitfähigkeit bei. Beide Arten weisen entsprechende leitfähige Zusatzstoffe auf, die verschieden appliziert werden. Vollfasern besitzen in der Regel eine leitfähige Beschichtung, die durch das Aufdampfen von Metallen hergestellt wird. Mehrkomponentenfilamentgarne weisen u. a. leitfähige Carbonfasern oder feine Metallfasern bzw. -filamente auf. Um die elektrische Leitfähigkeit von Polymeren, z. B. von Fasern, aber auch von Thermoplast- oder Duromerschmelzen zu steigern, werden sehr oft sogenannte Leitruße eingesetzt. Für diese Anwendung müssen die Leitruße eine hohe Eigenleitfähigkeit besitzen und nehmen für eine hohe elektrische Leitfähigkeit ein großes Volumen im Polymer in Anspruch [18].

Das Thüringische Institut für Textil- und Kunststoff-Forschung e.V. (TITK) hat elektrisch leitfähige Cellulosefasern bzw. -filamente entwickelt. Die Herstellung erfolgt durch ein modifiziertes Lyocellverfahren. Dabei wird mit Hilfe eines organischen Lösungsmittels eine annähernd neutrale Cellulosespinnlösung hergestellt, welche eine hohe Aufnahmefähigkeit für vielfältige Zusatzstoffe besitzt. Im Falle der elektrisch leitfähigen Cellulosefasern werden der Spinnlösung unterschiedliche Mengen von Leitrußen zugegeben. Deren Wirkungsweise beruht auf der sehr dichten Anordnung von leitfähigen Partikeln in der Cellulosefaser. Dadurch und durch die Variation der Faserfeinheit können Endlosfilamente und Fasern mit unterschiedlichen, in weiten Grenzen einstellbaren, spezifischen Leitfähigkeiten hergestellt werden (siehe Abbildung 2.1). Durch die Verarbeitung der elektrisch leitfähigen Fasern mit anderen textilen Fasern werden leitfähige Garne mit einem Anteil von 5% bis 95% an leitfähigem Fasermaterial hergestellt. Dadurch lässt sich der Garnwiderstand in feinen Abstufungen gezielt beeinflussen [18-20].

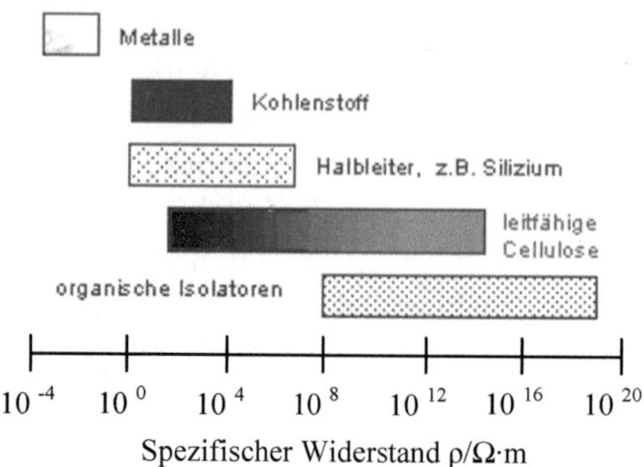

Abb. 2.1: Einordnung leitfähiger Cellulosefasern im Vergleich mit anderen Materialien [21]

Die leitfähigen Cellulosefasern eignen sich u. a. für den Einsatz als Sensor in textilen Flächengebilden oder als sensorische Funktionskomponente in FVW. Die Höhe ihres elektrischen Widerstands ist von der Umgebungstemperatur und -feuchte sowie der Dehnung abhängig. Steigt die Umgebungsfeuchte an, nimmt der Widerstand zu. Begründet ist dies durch die Zunahme des Volumens der Fasern aufgrund der sich erhöhenden Feuchte, wodurch der Abstand zwischen den leitfähigen Partikeln im Filament größer wird und der elektrische Widerstand zunimmt. Durch die sprunghafte Erhöhung des Widerstands der Filamente beim Einwirken einer quellenden Flüssigkeit können die modifizierten Cellulosefasern als Detektoren für Flüssigkeiten genutzt werden. In FVW können durch die Detektion von Feuchtigkeit Matrixrisse und somit Strukturversagen erkannt werden. Des Weiteren können die entwickelten Cellulosefasern bei ausreichend hohen Rußanteilen als textile Flächenheizer, als definiert einstellbare Absorber für elektromagnetische Wellen in Flächengebilden und für die Modifizierung von Kunststoffen zur Verhinderung von elektrostatischer Aufladung eingesetzt werden. Produzenten von elektrisch leitfähigen Cellulosefasern sind u. a. die Firma Smart Fiber AG sowie die Firma Lenzing AG [18-19].

Dehnungsmessdrähte

Bei den sogenannten Dehnungsmessdrähten besteht ein physikalischer Zusammenhang zwischen der mechanischen Dehnung in Faserrichtung und der elektrischen Widerstandsänderung des Materials. Dieser dehnungsabhängige Widerstand tritt bei jedem elektrischen Leiter auf. Für die Anwendung als Dehnungsmessdrähte werden u. a. Kohlefaser-Filamentgarne oder Drähte aus Kupfer-Blei-Legierungen in einen Verbundwerkstoff eingebracht. Das Messprinzip basiert auf der Eigenschaft, dass sich durch die Dehnung des Drahtes bei Belastung (Druck/Zug) die Geometrie bzw. der Querschnitt und damit der elektrische Widerstand ändert. Dabei wird zunächst am unbelasteten Bauteil, welches künftig überwacht werden soll, ein Referenzsignal des Drahtwiderstands aufgenommen. Der später gemessene Wert charakterisiert die Nullpunktverschiebung des Zusammenhangs zwischen der Belastung des Bauteils und der Änderung des Drahtwiderstands. Die Messung des elektrischen Widerstands der im Verbundwerkstoff eingebetteten Drähte erfolgt somit online. Die Änderungen des Widerstands sind ein Maß für die auftretende Belastung am Bauteil. Über die Schaltung einer Wheatstone'schen Brücke werden eventuell auftretende Temperatureinflüsse auf dem Messdraht kompensiert. Durch eine intelligente Anordnung der Drähte oder Filamente im Bauteil ist es möglich, auf die Höhe und die Art der auftretenden Belastung (Zug, Druck oder Torsion) zu schließen [22].

Lichtwellenleiter

Lichtwellenleiter sind flexible optische Medien aus Mineralglas (Quarzglas, Siliziumoxid) oder organischem Glas (Kunststoff), sogenannte Glasfaserkabel, in denen Licht kontrolliert geleitet bzw. übertragen werden kann. Neben den Glasfaserkabeln gehören zu den Lichtwellenleitern auch die Lichtleitkabel aus speziellen Kunststoffen wie Polystyrol. Sie eignen sich für die Übertragung von Daten (z. B. in der Telekommunikation) und von Licht (z. B. durch Laserstrahlung oder UV-Licht). Lichtwellenleiter können somit für Beleuchtungszwecke oder zur Daten- sowie Signalübertragung in der Messtechnik, z. B. bei Infrarotthermometern, eingesetzt werden [23].

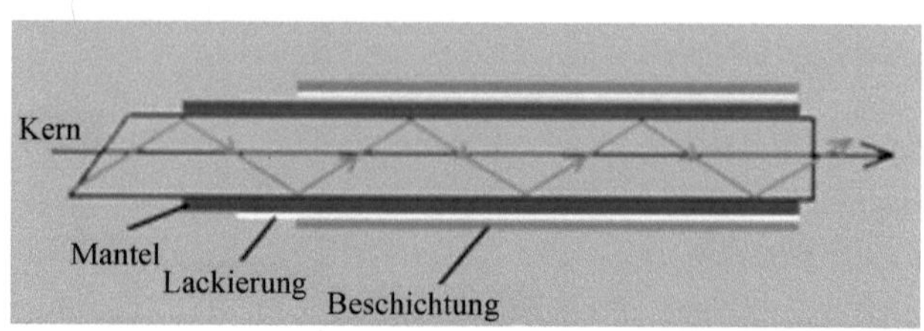

Abb. 2.2: Aufbau Lichtwellenleiter [24]

Wie in der Abbildung 2.2 zu sehen ist, bestehen Lichtwellenleiter aus einem Kern (Core), einem Mantel (Cladding), einer Lackierung (Painting) und einer Beschichtung (Primär-Coating). Der lichtführende Kern besitzt einen hohen Brechungsindex und dient zum Übertragen des Signals. Der ihn umgebende Mantel überträgt ebenfalls Licht, besitzt jedoch einen niedrigeren Brechungsindex. Dieses Zusammenspiel bewirkt eine Totalreflexion des Lichts am Mantel und somit eine Führung der Strahlung im Glasfaserkern. Der Kern und der Mantel werden meist aus Quarzglas hergestellt. Sie werden durch eine Beschichtung aus einem weichen Kunststoff vor mechanischer Beschädigung geschützt. Für ein Glasfaserkabel reicht dies jedoch als Schutz nicht aus, weshalb eine weitere Schutzhülle aus Kunststoff, das Sekundär-Coating, auf die Glasfaser aufgetragen wird. Für den Einsatz in optischen Übertragungssystemen gibt es verschiedene Typen von Glasfasern. Bei den Multimodefasern[1] tragen sehr viele diskrete Wellen zur Signalübertragung bei, bei Monomode- oder Singlemodefasern breitet sich nur eine Welle aus [24].

Die Vorteile von faseroptischen Sensoren sind u. a. eine hohe Widerstandsfähigkeit gegenüber Umwelteinflüssen, die Unempfindlichkeit gegenüber elektromagnetischen Feldern und die niedrige Faserdämpfung der optischen Signale, welche Messungen über große Entfernungen ermöglichen. Eine Anwendung als Sensor basiert auf dem Prinzip der „abgeschwächten Totalreflexion". Es gibt verschiedene Möglichkeiten, die Lichtwellenleiter für den Einsatz als faseroptische Sensoren zu modifizieren. Eine Möglichkeit ist die Änderung der Materialeigenschaft Reflexion durch die Applizierung von Farbstoffen. Dafür wird z. B. ein solvato-

---

[1] Moden sind Eigenwellen im Lichtwellenleiter.

chromer Farbstoff in die Matrix eingebettet, welcher die optischen Eigenschaften Polarisierbarkeit, Fluoreszenz und Absorption direkt beeinflusst und als Indikator dient. Für eine gemessene Konzentration des Farbstoffs ergibt sich somit ein charakteristisches Spektrum. Als Sensor nutzbar wird die Änderung der Polarität des Farbstoffes durch in den Lichtwellenleiter eindiffundierendes Wasser. Dabei ändert sich die Absorption des Lichts in Abhängigkeit des Wassergehaltes. Aus dem gemessenen Wellenlängenspektrum kann der Wassergehalt bestimmt werden [25].

Spezialanwendung Lichtwellenleiter: Faseroptischer Biegungssensor

Für sensorische Eigenschaften wird der Lichtwellenleiter einseitig aufgeraut, wodurch eine Art „Verlustzone" für das zu leitende Licht geschaffen wird. Wie in der Abbildung 2.3 zu sehen ist, ergeben sich unterschiedliche Lichtintensitäten am Ende eines gebogenen Lichtwellenleiters.

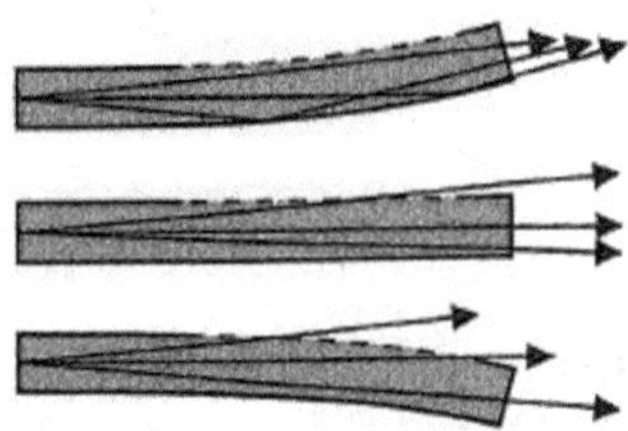

Abb. 2.3: Änderung der Lichtintensität in Abhängigkeit von der Biegung [26]

Wird der Lichtwellenleiter in Richtung der Aufrauung gebogen, nimmt die Totalreflexion am unteren Rand zu und die Lichtintensität am Ausgang steigt an. Ist die aufgeraute Seite auf der Zugseite während der Biegung, tritt an der Oberseite Licht aus und die Intensität am Faserausgang nimmt ab. Bei einer nicht allzu großen Biegung ändert sich die durchgelassene Lichtintensität in weiten Bereichen linear. Dadurch ist eine eindeutige Zuordnung der Biegerichtung zu der jeweiligen Lichtintensität möglich. Somit kann die eigene Verformung der Lichtwellenleiter erfasst werden [26].

Um das Messsignal unabhängig von Störgrößen aufzunehmen, wird stets eine zweite nicht aufgeraute Faser als Referenz verwendet. So ist die Messung unabhängig von Schwankungen der Lichtintensität der verwendeten Lichtquelle und der

Temperatur. Allerdings verändert sich die Reflexion im Sensorelement durch Druck- und Schlagbelastung. Für die mechanische Stabilität sind die Mess- und die Referenzfaser auf ein flexibles Stahlband oder einen Kunststoffträger auflaminiert und durch einen Kunststoffmantel geschützt. An einem Ende ist der Sensor mit einer Interface-Box verbunden. Diese enthält Leuchtdioden als Lichtquellen und die nötige Auswertelektronik, bestehend aus Vorverstärker und Analog/Digital-Wandler. Die Lichtwellenleiter bestehen aus Kunststoff, da sie, um den einseitigen Anschluss an einer Interface-Box zu realisieren, haarnadelförmig in sich zurückgekrümmt sind. Für die mehrdimensionale Messung von Krümmungsverläufen müssen Sensorbänder, die aus mehreren Sensorelementen bestehen, verwendet werden. Für dieses Messprinzip werden die einzelnen Sensorelemente in regelmäßigen Abständen über die gesamte Länge des Sensorbandes verteilt. Diese sogenannten Shape-Sensoren können bis maximal ca. 100° C eingesetzt werden. Praktische Anwendungen finden die Sensoren u. a. bei Crash-Tests, um den Einknickverlauf einzelner Autoteile genau zu analysieren oder bei der Messung das Verformungsverhalten von mechanischen Strukturen aufgrund thermischer Ausdehnung, Vibration oder Wind zu bestimmen [26, 27].

2.2.2　　Aktorisch arbeitende Materialien

Gedächtnispolymere

Bislang konzentrierte sich die Forschung bei den Gedächtnispolymeren auf einen thermisch (durch Wärme oder Licht) ausgelösten Einweg-Formgedächtniseffekt. Das heißt, die einmal eingenommene, z. B. spiralförmige Form, ausgelöst durch Wärmeeinwirkung, kann nicht mehr zurückgebildet werden (Abbildung 2.4). Die Kunststoffe mit Einwegeffekt werden im Hinblick auf die Benutzung in der Medizintechnik entwickelt und eröffnen dort zahlreiche Anwendungsmöglichkeiten. Sie können z. B. als Nähfäden für das lockere Zusammennähen einer Wunde im Körperinneren genutzt werden. Durch die anschließende Erwärmung auf Körpertemperatur des Patienten von etwa 37° C schrumpfen sie von selbst zusammen. Am Institut für Polymerforschung des GKSS[2] werden neben der

---

[2] Gesellschaft für Kernenergieverwertung in Schiffbau und Schifffahrt

Weiterentwicklung von Gedächtnispolymeren mit thermisch induziertem Form-gedächtniseffekt (FGE) auch photosensitive Polymersysteme auf ihre Formge-dächtniseigenschaften hin untersucht. Die Auslösung des Einwegeffekts dieser intelligenten Werkstoffe soll in Zukunft auch durch die Einwirkung von UV-Licht, elektromagnetischen Feldern oder Ultraschall, unabhängig von der Umge-bungswärme, möglich sein [28, 29].

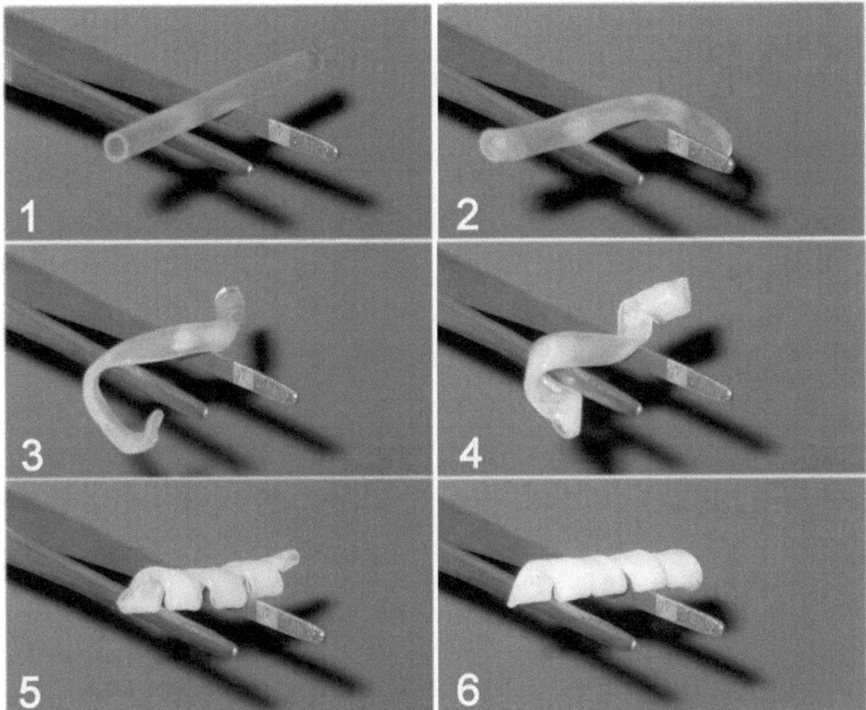

Abb. 2.4: Stimuli-sensitive Polymersysteme [30]

2.2.3   Aktorisch und sensorisch arbeitende Materialien

Bimetalle

Bimetalle bestehen aus zwei, an einer Kontaktfläche miteinander verbunden, metallischen Werkstoffen mit unterschiedlichen Wärmeausdehnungskoeffizienten. Dadurch verformt sich das Bimetall, wenn es erwärmt wird. Bimetalle können sowohl beim Erwärmen als auch beim Abkühlen Arbeit verrichten. Der Betrag der Arbeit pro Volumeneinheit ist jedoch kleiner als z. B. bei FGL [31]. Ebenso ist die Kraftwirkung der Bimetalle bei gleicher Dimensionierung und Temperatur geringer als bei den FGL, was im Bauteil zu geringeren Durchbiegungen führt. Der Vorteil ist jedoch der lineare Zusammenhang zwischen Verformung und Temperaturänderung. Sie besitzen im Gegensatz zu den FGL kein Hystereseverhalten. Nachteilig ist die nur senkrecht zur Kontaktfläche der Werkstoffpaarung realisierbare Deformation, da sie im Allgemeinen nur Biegeverformungen zulässt. Bimetalle lassen sich vor allem als Thermoschalter einsetzen [31, 32].

Piezoelektrische Materialien

Der piezoelektrische Effekt (auch Piezoeffekt genannt) ist die Wechselwirkung zwischen den mechanischen und den elektrischen Zuständen eines Kristalls. Der Piezoeffekt ist bei den klassischen piezoelektrischen Materialien, z. B. dem piezoelektrischen Einkristall Quarz oder den Piezokeramiken, eine Eigenschaft des Kristallgitters. Dabei ist ein unsymmetrischer Kristallaufbau die Voraussetzung. Der Piezoeffekt ist richtungsabhängig, nahezu linear und reziprok. Bei dem direkten piezoelektrischen Effekt wird durch eine äußere mechanische Belastung des Materials (Druck oder Zug) eine dazu proportionale elektrische Ladung erzeugt. Sie kann als Potentialunterschied gemessen und als sensorische Funktion genutzt werden. Im Gegensatz dazu entsteht beim Anlegen eines äußeren elektrischen Feldes eine dazu proportionale elastische Spannung im Kristall. Dies wird reziproker bzw. inverser piezoelektrischer Effekt genannt. Das angelegte elektrische Feld führt je nach Polarität zu einer positiven (Längung) oder negativen Dehnung (Verkürzung). Eine positive Dehnung tritt auf, wenn z. B. die Polarität einer angelegten Gleichspannung der zur Polarisation verwendeten entspricht. Für eine aktorische Anwendung in technischen Bereichen ist vor allem der inverse piezoelektrische Effekt von Bedeutung. Mit piezoelektrischen Materialien lassen sich bei freiliegenden Proben Dehnungen von 0,1 - 0,3% realisieren [32, 33].

Für die Charakterisierung von piezoelektrischen Werkstoffen ist der elektromechanische Kopplungsfaktor k eine wichtige Kenngröße. Der Kopplungsfaktor entspricht dem Verhältnis der gespeicherten mechanischen Energie zur aufgenommenen elektrischen Energie. Für den Bau von Aktoren mit hoher Ausdehnungseffizienz werden Materialien mit einem großen k-Faktor benötigt. Für Piezokeramiken beträgt der Kopplungsfaktor $k = 0,7$ und bei Quarzkristallen ist $k = 0,09$. Neben den Piezokeramiken und den Einkristallen, wie Quarz und Turmalin, kommen neuerdings auch piezoelektrische Polymere, wie Polyvinylidenfluorid (PVDF), zur Anwendung [32]. Da für eine textiltechnische Verarbeitung nur piezoelektrische Polymere und Piezokeramiken in Frage kommen, wird nur auf diese kurz eingegangen.

Die piezoelektrischen Effekte werden mittels zweier gekoppelter Gleichungen beschrieben, in der die dielektrische Verschiebung D und die Verformung S verwendet werden. Die Gleichungen sind:

$$D = d \cdot T + \varepsilon^T \cdot E \, , \tag{2.1}$$

$$S = s^E \cdot T + \mathrm{d} \cdot E \tag{2.2}$$

mit der Permittivität ε^T bei konstanter mechanischer Spannung T, der Elastizitätskonstanten s^E bei konstanter elektrischer Feldstärke E sowie der mechanischen Spannung T und der elektrischen Feldstärke E. Wichtigster Materialparameter für den inversen Piezoeffekt und damit für Aktoren ist die piezoelektrische Ladungskonstante d. Sie beschreibt den funktionalen Zusammenhang zwischen der angelegten elektrischen Feldstärke und der damit erzeugten Dehnung. Die piezoelektrischen Koeffizienten im Raum sind zum einen der piezoelektrische Verzerrungskoeffizient

$$d_{ij,k} = \frac{\partial \epsilon_{ij}}{\partial \mathrm{E}_k} \, , \qquad i,j,k = 1,2,3 = x,y,z \tag{2.3}$$

welcher die Reaktion der Verzerrung auf das elektrische Feld erklärt, und zum anderen der piezoelektrische Spannungskoeffizient

$$e_{ij,k} = \frac{\partial T_{ij}}{\partial E_k} , \qquad\qquad i,j,k = 1,2,3 = x,y,z \qquad\qquad (2.4)$$

welcher die Reaktion der mechanischen Spannung auf das elektrische Feld wiedergibt. Im Bereich der Aktorik sind folgende zwei Effekte relevant. Zum einen, dass die Kraft quer und zum anderen parallel zum angelegten Feld wirkt. Für diese Effekte vereinfacht sich die Gleichung für die räumliche Ausdehnung wie folgt:

$$S_1 = s_{11}{}^E \cdot T_1 + d_{31} \cdot E_3 , \qquad\qquad (2.5)$$

dabei ist S_1 der piezoelektrische Quer- oder Transversaleffekt (d_{31}-Effekt), die mechanische Kraft wirkt quer zum angelegten Feld, und

$$S_3 = s_{33}{}^E \cdot T_3 + d_{33} \cdot E_3 , \qquad\qquad (2.6)$$

wobei S_3 der piezoelektrische Längs- oder Longitudinaleffekt (d_{33}-Effekt) ist. Die mechanische Kraft wirkt parallel zum angelegten Feld [34].

Bei den piezoelektrischen Polymeren wird hauptsächlich PVDF eingesetzt. Das Polymer ist ein teilkristalliner Thermoplast mit einer kristallinen und amorphen Phase. PVDF gehört technisch zu der Gruppe der Isolatoren. Um die piezoelektrischen Eigenschaften von PVDF zu erzeugen, sind vier Prozessschritte notwendig. Zunächst erfolgt die Herstellung des Polymers sowie dessen Extrusion und Streckung. Anschließend wird es, wie die Piezokeramiken, polarisiert. Dabei werden die Dipole orientiert, die vorher in den kristallinen Bereichen ungerichtet waren. Zum Schluss wird die Oberfläche des piezoelektrischen Polymers metallisch beschichtet. Nun ist es zum einen möglich, den bei einer äußeren Belastung hervorgerufenen Potenzialunterschied der Ladungen auf der Oberfläche des Polymers zu messen oder durch das Anlegen einer elektrischen Spannung das Polymer zu verformen. Für die weitere Verarbeitung wirkt die beschichtete Oberfläche jedoch dehnungsbehindernd. Die maximale Betriebstemperatur von PVDF beträgt ca. 100° C. Die maximal erreichbare Polarisation eines PVDF-Films beträgt 20 mC/m². Im Gegensatz dazu sind es bei den Piezokeramiken ca. 400 mC/m². Da die piezoelektrischen Polymere eine viel geringere Kraftwirkung besitzen, sind sie als Aktoren nicht in dem Maße wie die Piezokeramik nutzbar. Ihre vierfach kleinere Dichte und ihre sehr dünne Materialdicke, welche ca. 6 - 9 µm beträgt, sind für verschiedene Anwendungen als Sensor jedoch sehr vorteilhaft. Textiltechnisch verarbeitbar werden die PVDF, wenn sie in Bändchenform vorliegen. Vorteile des Polymers sind die einfache Verarbeitung durch Zuschneiden oder die unkomplizierte Applizierung an gekrümmte Teile, um Messungen durchzuführen. Eingesetzt werden sie z. B. zur Überwachung und Erkennung von Schäden in FVW. Des Weiteren finden sie Anwendung als Sensor für die Akustik im hörbaren Frequenzbereich oder im Ultraschallbereich (Einsatz als Ultraschallwandler). Im unpolarisierten Zustand ist das PVDF durchsichtig, besitzt eine hohe Elastizität und ist resistent gegenüber UV-Strahlung. PVDF hat eine Dielektrizitätskonstante $\varepsilon_{r/PVDF} \approx 12$. Im Vergleich dazu hat die Piezokeramik mit $\varepsilon_{r/Piezo} \approx 1200$ eine viel größere Dielektrizitätskonstante [32].

Piezokeramiken sind polykristalline Materialien. Sie erhalten während ihrer Herstellung durch Sintern bei ca. 1300° C keramische sowie bei der anschließenden Polarisierung piezoelektrische Eigenschaften. Die Polarisierung erfolgt bei einer Temperatur, die kurz unterhalb der Curie-Temperatur liegt[3]. Dabei orientieren sich durch das Anlegen eines elektrischen Feldes die Dipolmomente der Kristallite verstärkt in Richtung des angelegten Feldes (siehe Abbildung 2.5). Nach dem Entfernen des elektrischen Feldes behalten die Dipolmomente ihre Ausrichtung bei. Die Polarität der angelegten Spannung hat Einfluss auf das Vorzeichen der späteren Dehnung (pos. und neg. Dehnung). Durch die Polarisation dehnt sich das Bauteil in Richtung des angelegten Feldes aus. Durch die Volumenkonstanz der Piezokeramiken tritt dabei eine Querkontraktion auf. Wird aufgrund der Verarbeitung der Piezokeramiken die Curie-Temperatur überschritten, kommt es zur Depolarisierung des Materials. Um trotzdem hohe Verarbeitungstemperaturen zu ermöglichen, können die piezoelektrischen Eigenschaften durch eine Repolarisierung wiederhergestellt werden. Günstig ist eine Repolari-

---

[3] Bei der Curie-Temperatur geht das Kristallgitter aus energetischen Gründen von seiner kubischen in die tetragonale Form über. Bei PZT-Keramiken (synthetisch hergestellte ferroelektrische Sinterkeramiken z. B. Bleizirkoniumtitanat-Mischkeramiken $Pb[ZrTi]O_3$) ist das auch bei Raumtemperatur möglich. Die Curie-Temperatur liegt bei ca. 350°C.

sierung knapp unterhalb der Curie-Temperatur, da sich die Dipole dabei leichter ausrichten lassen und die elektrische Feldstärke gleichzeitig reduziert werden kann. Zum Erzielen der Sättigungspolarisation (Maximalwert der Polarisation) wird eine ausreichend hohe elektrische Feldstärke an die Piezokeramik angelegt. Diese wird eine Zeit lang gehalten und die Piezokeramik anschließend mit dem nach wie vor angelegten Feld bis auf Raumtemperatur abgekühlt. Anschließend wird das elektrische Feld entfernt. Eine vollständige Repolarisierung kann nur bei einer freien, d.h. nicht eingebetteten Piezokeramik, erfolgen. Bei einer eingebetteten Piezokeramik wird die während des Polarisierungsprozesses auftretende Deformation durch die Steifigkeit des umgebenen Materials, z. B. der Matrix des FVW, behindert. Ein so genannter Neupolarisierungsfaktor gibt das Verhältnis zwischen den gemessenen Spannungen vor und nach dem Polarisierungsprozess an. Die Polarisation der piezoelektrischen Keramiken ist zeitabhängig und nimmt infolge Alterung sehr langsam und materialabhängig ab [32].

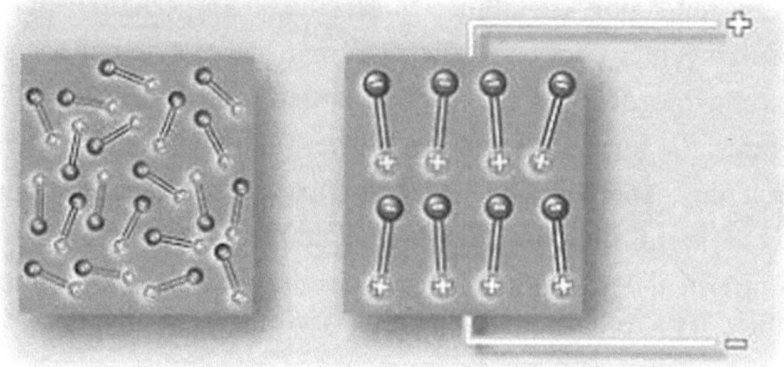

Abb. 2.5: Polarisation eines Piezokristalls [33]

Piezoelektrische Keramiken haben eine sehr hohe und temperaturabhängige Dielektrizitätskonstante ($\varepsilon_r \approx 1200$). Es sind harte und spröde Materialien, die chemisch inaktiv und weitestgehend unempfindlich gegenüber Feuchtigkeit oder anderen Umwelteinflüssen sind. Des Weiteren weisen sie ein nicht lineares Verhalten bei der Wärmeausdehnung auf. Häufig werden in der Praxis Aktoren aus synthetisch hergestellten ferroelektrischen Sinterkeramiken angewendet, wie Bleizirkoniumtitanat-Mischkeramiken $Pb[ZrTi]O_3$, kurz PZT-Keramiken genannt. Piezokeramiken sind als Aktor und Sensor einsetzbar. Bei einem aktorischen

Einsatz wird, wie bereits erwähnt, der inverse piezoelektrische Effekt genutzt. Beim Anlegen einer Wechselspannung verlängert bzw. verkürzt sich das piezokeramische Composite oder Bauteil mit der Frequenz der angelegten Spannung. Mit piezokeramischen Aktoren können elektromechanische Wirkungsgrade von bis zu 50% erreicht werden. Als aktorische Funktionskomponente ermöglichen sie jedoch nur die Induzierung kleiner Dehnungen von ca. 0,1%. Diese Dehnungsbeträge sind für viele Anwendungen zu klein, aber für z. B. eine aktive Lärmreduzierung in Flugzeugen hingegen ideal. Durch die kleinen Dehnungen können hohe Kräfte aufgenommen und somit viel Energie absorbiert werden. Durch die erzeugten Aktorschwingungen kann den mechanischen und den akustischen Schwingungen aktiv entgegengewirkt werden. Die industrielle Aufmachung der Piezokeramiken wird als Macro-Fiber-Composite (MFC) bezeichnet. Die Piezofasern sind dabei in einen Kunststoff eingebettet und mit Elektroden kontaktiert. Bei einer Anwendung als Sensor werden die Piezokeramiken u. a. für die statische Verformungskontrolle und die Erfassung von mechanischen Spannungen eingesetzt. Dabei wird die Eigenschaft ausgenutzt, dass sie eine elektrische Spannung proportional zu einer eingeleiteten mechanischen Spannung ausgeben. Des Weiteren kann bei einer Beanspruchung des PZT-Bauteils durch die Messung der Polarität der gemessenen elektrischen Spannung bestimmt werden, ob es sich um eine Zug- oder Druckbeanspruchung handelt [32].

Elektrostriktive Materialien

Die Elektrostriktion beschreibt die Deformation eines dielektrischen Mediums in Abhängigkeit eines angelegten elektrischen Feldes. Der Unterschied zum piezoelektrischen Effekt ist, dass die Antwort der Deformation unabhängig von der Richtung des angelegten Feldes und proportional zum Quadrat des elektrischen Feldes ist (Abbildung 2.6). Die Ursache für die Elektrostriktion ist ein unsymmetrisches Gitterpotential in einem Ionenkristall. Dies führt zur Änderung der Zellabmessungen im Gefüge und dadurch zur Ausdehnung[4] des elektrostriktiven Materials [35, 36].

---

[4] Die Dehnung wird jedoch (im Gegensatz zu den Monopolen in piezoelektrischen Materialien) durch die Interaktion von elektrischen Feldern und Dipolen erzeugt [32].

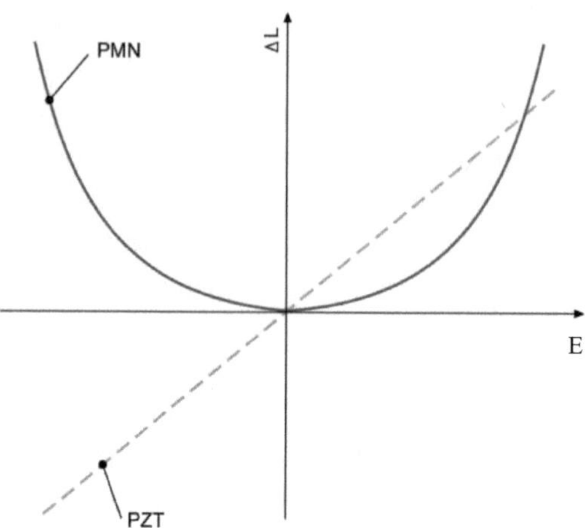

**Abb. 2.6: Zusammenhang Dehnung ΔL und elektrisches Feld E für ein piezokerami-
sches (PZT) und ein elektrostriktives Material (PMN) [35]**

Wie auch der Piezoeffekt ist die Elektrostriktion ein Festkörpereffekt. Dieses
macht einen Vergleich der Piezokeramiken mit den elektrostriktiven Materialien
möglich. Im Gegensatz zu Piezokeramiken und zu piezoelektrischen Polymerfil-
men sind elektrostriktive Materialien selbstpolarisierend [32]. Durch den
quadratischen Zusammenhang zwischen Spannung und Dehnung bei den elektrostriktiven Materialien ist ihr Verhalten insgesamt nichtlinear. Der elektrostriktive Effekt ist in allen dielektrischen Materialien und auch in Flüssigkeiten zu
beobachten. Eine Konsequenz der Verschiebung der Ladungsträger in Dielektrika
unter dem Einfluss eines elektrischen Feldes besteht in der Verschiebung des
Ladungsschwerpunkts. Dies hat zur Folge, dass sich das Material ausdehnt und
kann, wie folgt, beschrieben werden:

$$S_{ij} = M_{ijkl} \cdot E_k \cdot E_l \ . \qquad\qquad i,j,k,l = 1,2,3 \qquad\qquad (2.7)$$

Hierbei sind S_{ij} die Komponenten des Dehnungstensors und M_{ijkl} der Elektrostriktionskoeffizient [37]. Die elektrostriktiven Koeffizienten sind der Verzerrungskoeffizient

$$\gamma_{ijkl} = \frac{1}{2}\left(\frac{\partial^2 \epsilon_{ij}}{\partial E_k\,\partial E_l}\right), \qquad\qquad i,j,k,l = 1,2,3 \qquad\qquad (2.8)$$

welcher die Reaktion der Verzerrung ϵ auf das elektrische Feld angibt, und der Spannungskoeffizient

$$f_{ijkl} = \frac{1}{2}\left(\frac{\partial^2 \sigma_{ij}}{\partial E_k\,\partial E_l}\right), \qquad\qquad i,j,k,l = 1,2,3 \qquad\qquad (2.9)$$

welcher die Reaktion der mechanischen Spannung σ auf das elektrische Feld erklärt. Elektrostriktive Aktoren werden z. B. aus unpolarisiertem Blei-Magnesium-Niobat-Keramikmaterial (PMN) hergestellt. PMN ist nicht in gleichem Maße wie piezoelektrisches Material kommerziell erhältlich [32, 35, 36]. Ein Nachteil von PMN ist, dass der quadratische Zusammenhang zwischen elektrischem Feld und Dehnung nur in gewissen Temperaturbereichen gilt. Denn wie im linken Diagramm der Abbildung 2.7 links zu sehen ist, nimmt die Dehnung des elektrostriktiven Materials mit steigender Temperatur ab. Dies zeigt, dass die elektrostriktiven Materialien eine höhere Temperaturabhängigkeit als die Piezokeramiken besitzen. Beim Vergleich zwischen PZT und PMN des Diagramms der Abbildung 2.7 rechts zeigt sich, dass die elektrostriktiven Materialien bei niedrigen Temperaturen, wo ihre mögliche Dehnung maximal ist, eine hohe Hysterese aufweisen. Diese nimmt jedoch mit steigender Temperatur ab.

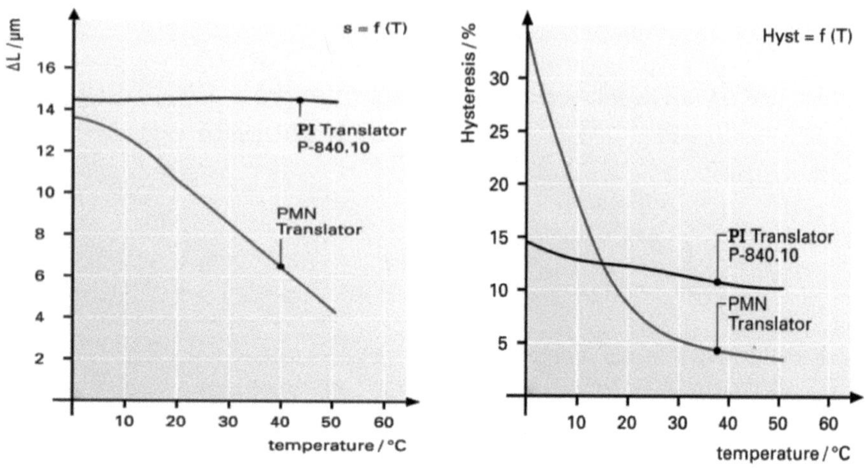

Abb. 2.7: Dehnung und Hysterese als Funktion der Temperatur bei PMN (v. l.) [35]

Elektrostriktive Materialien werden oberhalb ihrer Curie-Temperatur betrieben, welche im Vergleich zu den Piezokeramiken jedoch sehr niedrig ist. Elektrostriktive Materialien sind nicht so temperaturstabil wie die piezoelektrischen Materialien. Sie eignen sich am besten für Anwendungen, bei denen es zu keinen oder nur sehr geringen Temperaturschwankungen des Materials kommt. Nachteilig wirkt sich die hohe Dielektrizitätskonstante von elektrostriktiven Materialien aus, welche im dynamischen Betrieb höhere elektrische Ströme erfordert. Als ein Einsatzgebiet kann jedoch die Feinstpositionierung bzw. Ausrichtung von faseroptischen Komponenten in der Telekommunikation bei niedrigen Frequenzen genannt werden [32, 35].

Magnetostriktive Materialien

Unter Magnetostriktion wird die Veränderung der geometrischen Abmessungen eines Körpers im magnetischen Feld verstanden. Es ist die Analogie zur Elektrostriktion. Magnetostriktive Werkstoffe sind u. a. Legierungen, die auch Terfenol-D (<u>Ter</u>bium-<u>F</u>errous-<u>N</u>aval <u>O</u>rdnance <u>L</u>aboratory-<u>D</u>ysprosium) genannt werden. Sie können eine maximale Dehnung von 0,2% erreichen. Durch das Anlegen eines magnetischen Feldes werden die magnetischen Dipole im Material ausgerichtet. Die entstehende positive Dehnung ist eine Funktion des Quadrates der magnetischen Feldstärke. Das Volumen des Bauteils bleibt nur in erster Näherung konstant. In der Praxis wird meist nur die lineare Längenänderung entlang der Probenlänge parallel zum magnetischen Feld bestimmt. Die Längenänderung hat unabhängig von der Polarität des angelegten Feldes stets das gleiche Vorzeichen. Um dementsprechend positive und negative Dehnungen zu erhalten, muss das Material vormagnetisiert werden. Dies geschieht mit Permanentmagneten, die nah am magnetostriktiven Material positioniert werden müssen, um magnetische Streuflüsse zu verhindern. Magnetostriktive Materialien besitzen eine geringe relative Permeabilität (Terfenol-D: $\mu_r = 3 - 10$) und eine große Härte. Sie sind sehr spröde und bruchempfindlich. Ein großer Vorteil ist ihre kontaktlose Ansteuerung über ein magnetisches Feld [32, 35, 38].

Die magnetostriktiven Effekte können durch zwei gekoppelte Gleichungen beschrieben werden, in der die magnetische Flussdichte B und die Verformung S Verwendung finden

$$S = s^H \cdot T + d \cdot H \qquad (2.10)$$

und

$$B = d \cdot T + \mu^\sigma \cdot H \,. \qquad (2.11)$$

Dabei beinhalten die Gleichungen die freie Permeabilität μ^σ bei konstanter mechanischer Spannung T und die Elastizitätskonstante s^H bei konstanter magnetischer Feldstärke H. Wichtigster Materialparameter für den magnetostriktiven Effekt ist die magnetostriktive Konstante d [39].

Der magnetostriktive Koeffizient λ_V ist die partielle Ableitung der Volumenänderung ΔV, nach dem magnetischem Feld H, bei konstanter Temperatur sowie konstantem Druck und wird wie folgt berechnet [40]:

$$\lambda_V = \frac{1}{\mu_0 V} \cdot \frac{\partial \Delta V}{\partial H} \,. \qquad \text{T, p = konstant} \qquad (2.12)$$

Zur Anwendung kommen magnetostriktive Materialien, obwohl sie sensorische und aktorische Eigenschaften besitzen, hauptsächlich als Aktor. Dabei bilden typische Wegaufnehmer für lineare Positioniervorgänge die größte Gruppe [41].

Formgedächtnislegierungen

Formgedächtnislegierungen (FGL) sind Metalle, die in Abhängigkeit einer Umwandlungstemperatur (TTR)[5], zwei unterschiedliche Kristallstrukturen einnehmen. Die Umwandlungstemperatur kann durch Erwärmung der Legierung erreicht werden. Dabei können eingebrachte Verformungen, z. B. (auch dreidimensionale) Dehnungen, rückgängig gemacht werden und die Legierung nimmt ihre ursprüngliche Form wieder ein [32, 42].

Der Formgedächtniseffekt tritt aufgrund zwei getrennt existierender, verschiedener Kristallstrukturen auf. Unterhalb der Umwandlungstemperatur ist eine martensitische Phase mit monoklinischer Kristallstruktur in der gesamten Kristallkonfiguration dominant und stabil. Oberhalb der TTR wandelt sich die Gitterstruktur in eine austenitische Phase mit kubischer Kristallstruktur um. Bei der Verformung von Formgedächtnislegierungen innerhalb bestimmter Dehngrenzen treten keine Verschiebungen von Fehlstellen und kein Gleiten von atomaren Flächen übereinander in eine neue Position auf, wie es in herkömmlichen Metallen der Fall ist. Dadurch wird in der martensitischen Phase die Kristallstruktur nicht geschädigt und der Effekt der Rückformung in den Ausgangszustand kann zyklisch wiederholt werden. Der Formgedächtniseffekt ist reversibel [32].

Es werden drei Effekte bei FGL unterschieden. Bei dem einmaligen Formgedächtniseffekt, auch *Einweg-Effekt* genannt, wird ein Bauteil aus einer FGL bei Raumtemperatur bleibend verformt. Die zunächst vorliegende Martensit-Zwillingsstruktur wird dabei in Martensit umgeformt. Durch das anschließende Erwärmen des Bauteils über die TTR geht das Gefüge der Legierung in die austenitische Phase über, wodurch das Bauteil seine ursprüngliche Form wieder annimmt und die eingebrachten Deformationen zurückgebildet werden. Wird das

---

[5] engl.: transformation temperature (TTR)

zurückgeformte Bauteil nun wieder abgekühlt, bildet sich erneut die Martensit-Zwillingsstruktur heraus (siehe Abbildung 2.8). Der Zyklus beim *Einweg-Effekt* beginnt von neuem, wenn das Bauteil im abgekühlten Zustand wieder verformt wird. Vor jeder Martensit-Austenit-Umwandlung ist demzufolge eine erneute, bleibende Verformung notwendig. Der Formgedächtniseffekt verläuft nur in eine Richtung. Wird die Legierung nach einer Verformung abgekühlt statt erwärmt, findet keine Rückformung der Deformation statt. Die FGL bleibt in diesem Fall in ihrer ursprünglichen deformierten Form. Während der Ausnutzung des *Einweg-Effekts*, bei der Erwärmung und der Umwandlung in den Ausgangszustand, verrichten Formgedächtnislegierungen Arbeit und können somit als Aktoren eingesetzt werden [31, 32, 43].

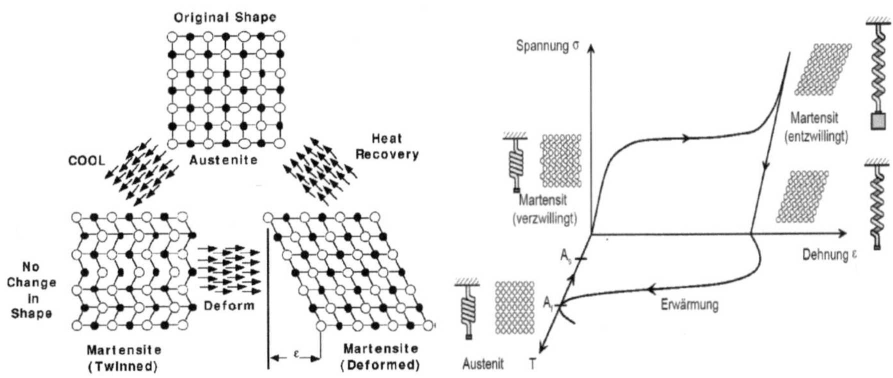

Abb. 2.8: Der Einweg-Effekt bei FGL [39, 44]

Der zweite Effekt ist der wiederholbare Formgedächtniseffekt, auch *Zweiweg-Effekt* genannt. Er ruft im Gegensatz zum *Einweg-Effekt* beim Erwärmen und beim Abkühlen eine Formänderung der Legierung hervor. Die realisierbare Rückformung ist jedoch kleiner als beim *Einweg-Effekt*. Die von der FGL verrichtete Arbeit ist beim Erwärmen der FGL wesentlich höher als beim Abkühlen. Die Formrückkehr des Bauteils erfolgt dann entweder durch einen mechanischen Energiespeicher (z. B. Feder, die während des Erwärmens gespannt wird) von außen, dieses wird *extrinsischer Zweiweg-Effekt* genannt, oder der Werkstoff wird solange mittels thermomechanischer Behandlungszyklen „trainiert", bis er einen so genannten *intrinsischen Zweiweg-Effekt* aufweist (siehe Abbildung 2.9).

Der *intrinsische Zweiweg-Effekt* kennzeichnet FGL, die selbstständig, ohne Kraft von außen, die Formrückkehr vollziehen. Durch thermomechanische Behandlungszyklen werden in dem Formgedächtnismaterial innere Spannungsfelder erzeugt, welche die Ausbildung von bestimmten Martensit-Varianten beim Abkühlen fördern. Somit stellt diese trainierte Form für den kalten Zustand lediglich eine Vorzugsform des Martensit-Gefüges dar [31, 32, 43].

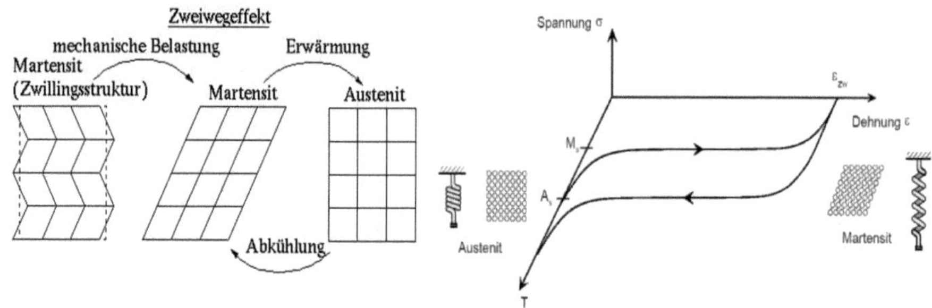

Abb. 2.9: Intrinsischer Zweiweg-Effekt bei FGL [44, 45]

Der dritte Effekt der bei FGL zu beobachten ist, wird pseudoelastisches Verhalten genannt. Dies wird häufig auch als „*Superelastizität*" bezeichnet. Zusätzlich zur elastischen Verformung kann im Hochtemperaturbereich eine durch eine äußere Krafteinwirkung verursachte reversible Formänderung beobachtet werden. Es tritt somit eine Formänderung bei Belastung auf, welche die elastische Verformung konventioneller Metalle bis um das 20-fache übertrifft und die bei Entlastung vollständig zurückgeht. Dieser Effekt beruht auf einer Gefügeänderung. Beim Überschreiten einer kritischen mechanischen Spannung wird der vorhandene kubisch-flächenzentrierte Austenit im Hochtemperaturbereich in monoklines Martensit umgewandelt. Bei einer Entlastung liegt wieder austenitisches Gefüge vor (siehe Abbildung 2.10). Anwendung findet diese Materialeigenschaft z. B. in Brillengestellen aus Nickel-Titan(NiTi-)-Legierungen oder in der Medizintechnik [31, 32, 45].

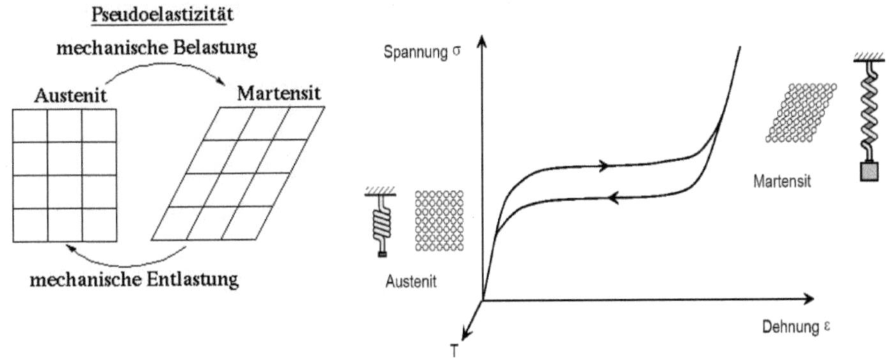

Abb. 2.10: Pseudoelastizität bei FGL [44, 45]

Die mechanischen Eigenschaften werden bei FGL stark von der Temperatur beeinflusst. Die Umwandlungstemperatur ist innerhalb einer Legierung erheblich von der chemischen Zusammensetzung abhängig. Der Formgedächtniseffekt wird erst durch eine thermomechanische Behandlung eingeprägt. Die Legierung wird dafür in die spätere Form gebracht und bei ca. 400° – 500° C fünf bis dreißig Minuten im Vakuum oder in Inertgasatmosphäre getempert. Die mögliche Dehnung der FGL ist eine Funktion der Vorspannung, die während dieser thermomechanischen Behandlung wirkt [32].

Die Art der Wärmeeinleitung und -übertragung ist für die Aktivierung des Formgedächtniseffekts wesentlich. Die Formänderungsgeschwindigkeit wird durch die Aufheiz- und Abkühlgeschwindigkeit bestimmt. Für das Auslösen des Formgedächtniseffekts kann zum einen die Direktbeheizung der Legierung über den ohmschen Widerstand genutzt und zum anderen dünnwandige Bauteile mittels Wärmestrahlung erwärmt werden. Durch einen Stromimpuls ist eine schlagartige Auslösung des Formgedächtniseffekts möglich [32].

Kommerziell haben sich bei FGL Nickel-Titan- und Kupfer-Zink-Aluminium-Legierungen durchgesetzt. Die Schmelztemperatur liegt bei ca. 1200 – 1300° C. Der Vorteil von NiTi-Legierungen gegenüber anderen Legierungen ist der größere Ein- und Zweiweg-Effekt, d. h. eine größere nutzbare Dehnung mit anschließender Rückformung. Zudem ist die Langzeitstabilität besser als bei

Kupfer-Zink-Aluminium-Legierungen und die Korrosionseigenschaften sind gut. Nachteilig ist die auftretende Relaxation bei mehrzyklischer Belastung. FGL sind in Drahtform oder als Formteil kommerziell erhältlich [31, 32].

Als Funktionskomponente hat die FGL multifunktionale Eigenschaften. Sie kann sowohl als Sensor oder Aktor dienen als auch zur passiven oder aktiven Funktionalisierung eingesetzt werden [1-4]. Hauptaufgaben für in Faserverbundwerkstoff integrierte Formgedächtnislegierungsdrähte sind u. a. die aktive Schwingungsdämpfung bzw. -kontrolle, die Festigkeits- und Steifigkeitserhöhung, die Verbesserung der Impacteigenschaften und die Verformung bzw. die Stabilisierung der Form unter der Einwirkung einer äußeren Belastung [5].

2.3 Voraussetzungen für die Integration von Formgedächtnislegierungen in FVW durch Hybridgarne

Die aktive Funktionalisierung mit Formgedächtnisdrähten für die Verformung oder die Formstabilisierung von Bauteilen kann extern [17, 46, 47] oder intern [48] erfolgen. Dabei sind die FGL bei einer Applikation außerhalb der Verbundstruktur angebracht und bei einer Integration in die Verstärkungsstruktur eingebettet. Es gilt: je weiter die kraftaufbringenden Formgedächtnisdrähte von der neutralen Zone der Biegelinie entfernt angeordnet sind, desto geringer ist die benötigte Kraft, ein bestimmtes Bauteil um den gleichen Betrag zu verformen. Da auf Grund der Verwendung des Bauteils oftmals Restriktion hinsichtlich der Form und Größe auftreten, haben in der Praxis beide Varianten, die externe und interne Anwendung von FGL, ihre Berechtigung [17, 46-48]. Ein direkter Kontakt der Formgedächtnislegierung mit der Matrix ist ein wesentlicher Nachteil bei der Integration von FGL in FVW und der Funktion einer einstellbaren Verformung der Verbundstrukturen. Deshalb kommt es zu sehr starken Einschränkungen hinsichtlich der zu verwendenden Werkstoffkombination (neg. bzw. pos. Wärmeausdehnungskoeffizient, Thermo- bzw. Duroplast). Weiterhin ist eine punktuelle Krafteinleitung in den Faserverbundwerkstoff nicht möglich. Dieser Restriktionen kann nur durch die freie Beweglichkeit des Formgedächtnisdrahtes zwischen den Krafteinleitungsstellen im Verbund entgegengewirkt werden.

Das garantiert eine optimale Ausnutzung des Formgedächtniseffekts, ohne die notwendige Kompensation von Haftungskräften in der Grenzschicht und unabhängig von der Werkstoffkombination. Geeignet dafür sind Maßnahmen, die den Draht vom Faserverbundwerkstoff bzw. der Matrix isolieren und nur an definierten Stellen (Krafteinleitungs- oder Stromanschlussstellen) den Kontakt des Formgedächtnisdrahts mit der Matrix erlauben. Dieses kann durch eine Schutzhülle aus Kunststoff, Metallen oder auch Fasern erfolgen. Für eine 100% Kernabdeckung mit Fasern eignet sich das Umwindeverfahren und speziell das OE-Friktionsspinnen, was nachfolgend näher betrachtet werden soll.

Mit OE-Friktionsspinngarnen können sowohl Verstärkungsfilamente als auch Funktionskomponenten im Kern durch die gestreckte Lage im Garn anforderungsgerecht in Bauteile eingebracht werden. Die Matrix kann in Form der Mantelfasern im Garn in den FVW integriert werden. OE-Friktionsspinngarne haben den Vorteil, dass durch den Mantel eine 100% Kernabdeckung möglich ist und dass durch die Variation der Manteldicke die Schutzschicht des Kerns auf die Viskosität der Matrix eingestellt werden kann [49].

Für die Integration von aktorischen Funktionskomponenten in ein Hybridgarn sowie die Verarbeitung dieser in und zu textilen Flächengebilden muss eine gute textile Verarbeitbarkeit der Funktionskomponente und der daraus hergestellten Hybridgarne gegeben sein. Es können als Funktionskomponente vorrangig nur draht- oder fadenförmiges Material verarbeitet werden, die eine ausreichend biegeschlaffe Struktur besitzen und nur wenig spröde sind. Des Weiteren sollen möglichst keine Schädigungen der Maschinenelemente durch Abrieb bei ihrer Verarbeitung verursacht werden. Dabei bestehen klassische Stapelfasergarne aus endlichen Fasern sowie Filamentgarne aus endlosen Fasern und weisen die für eine gute Verarbeitung wichtigen Eigenschaften wie Festigkeit, Dehnung, Durchmesser, Haarigkeit usw. auf [50].

Bei der Integration einer Funktionskomponente in FVW sind stets deren spezifische Materialeigenschaften zu beachten, um eine schädigungsarme Integration und eine reproduzierbare Funktionalisierung zu gewährleisten. Das aktorische bzw. sensorische Material muss die Temperatur während des Konsolidierungsprozesses des verwendeten Matrixsystems für die Herstellung eines FVW ohne Schädigung überstehen. Diese Temperaturen betragen für thermoplastische Matrices z. B. für Polypropylen ca. 180° C bzw. für Polyester ca. 275° C und bei duroplastischen Matrices können je nach Volumenanteil bis 160° C erreicht werden. Die Konsolidierungstemperatur darf dabei die Austenit-Finish-Temperatur der FGL nicht oder nur sehr geringfügig und sehr kurz überschreiten [5, 51, 52]. Beachtet werden muss weiterhin, dass eventuelle exotherme Reaktionen oder Verarbeitungsschwindungen sowohl des Matrixsystems als auch der Funktionskomponente auftreten können. Bei der Verarbeitung von Materialien mit unterschiedlicher Wärmeausdehnung oder bei einer Ausdehnung der Funktionskomponente in einem elektrischen oder magnetischen Feld sind die einwirkenden Faktoren zu beachten. Des Weiteren muss eine mögliche Spannungskonzentration in der Schicht zwischen den verschiedenen Materialien, besonders in der Grenzschicht zur Matrix verhindert werden, um Eigenspannungen des konsolidierten FVW und um eine mögliche Beeinträchtigung der Funktion zu vermeiden [32].

2.4 Verformungen von Verbundwerkstoffen durch integrierte Formgedächtnislegierungen

Im Vergleich zu anderen Aktorprinzipien besitzen die aus Formgedächtnislegierungen aufgebauten Aktoren eine sehr hohe Energiedichte. Die Abbildung 2.11 stellt die Energiedichten von unterschiedlichen Materialien dar, die geeignet sind, aktorische Aufgaben zu übernehmen. Durch die sehr hohe Energiedichte von 107 J/m³ ist der Formgedächtniseffekt der FGL besonders für Anwendungen interessant, bei denen trotz geringer Bauteilgröße hohe Kräfte und Stellwege benötigt werden. Die Art, wie die FGL verformt werden, ist dabei unerheblich. Solange die Verformung unterhalb einer maximalen Dehnung (bei NiTi maximal 8%) bleibt, nimmt das FG-Element bei Erwärmung seine ursprüngliche Form wieder ein [48].

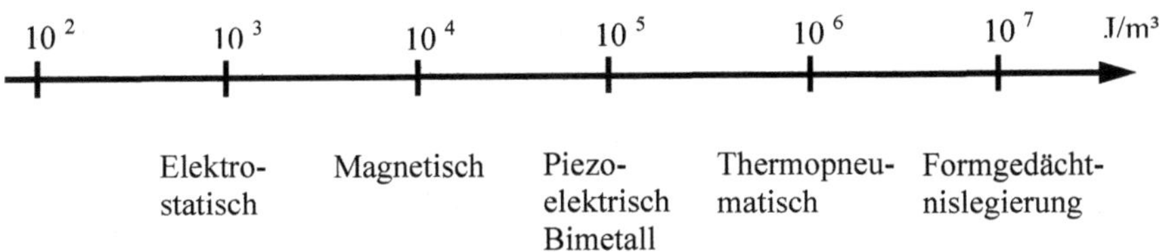

Abb. 2.11: Energiedichte verschiedener Materialien geeignet für Aktoren [53]

Aufgrund der bereits erwähnten Probleme, FGL in FVW einzubringen, ohne dass die zuvor eingeprägten Eigenschaften, z. B. Dehnung, der FGL behindert werden oder verloren gehen, gibt es bereits Überlegungen zur Herstellung von FGL, die eine Schutzhülle umgibt. In [54] wird die Herstellung eines Gewebes aus mit Folie beschichteten FGL-Drähten beschrieben. Ziel ist es, ein Garn mit einem hohen Formgedächtnispotenzial sowie hoher Elastizität und Belastbarkeit zu fertigen. Die Abbildung 2.12 zeigt ein beschichtetes Gewebe (1), welches aus einzelnen FGL-Filamenten (F) in Kett- und Schussrichtung hergestellt und bei dem mindestens eine Seite mit einem Haftmittel (3) beschichtet ist. Die auf das Haftmittel laminierte Folie (5) bildet die Deckschicht. Anschließend wird das laminierte Gewebe zerschnitten, um die folienbeschichteten FGL-Drähte zu erhalten.

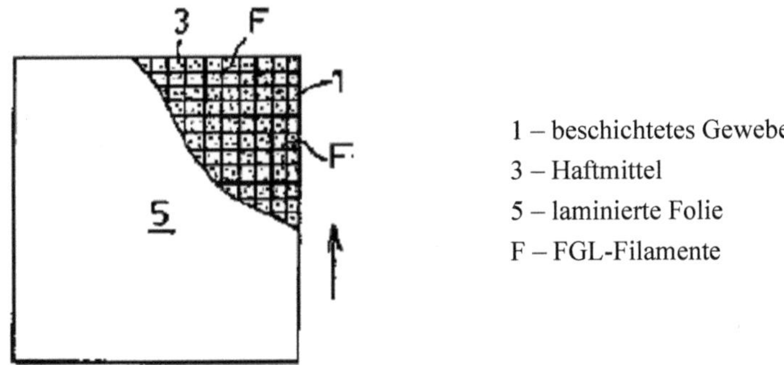

1 – beschichtetes Gewebe
3 – Haftmittel
5 – laminierte Folie
F – FGL-Filamente

Abb. 2.12: Beschichtetes FGL-Gewebe [54]

Ein weiterer Ansatz eine geschützte FGL herzustellen, um die elektrische Leitfähigkeit und Verschweißbarkeit zu erhöhen, wird in [55] beschrieben. Eine FGL in Form eines Rundprofils wird in ein Rohr, z. B. aus Kupfer geführt. Die beiden

Materialien werden an den Enden gesenkt, damit die Lage des FGL-Rundprofils im Rohr gesichert wird. Das Rohr muss für den anschließenden konventionellen Drahtziehprozess eine ausreichende Manteldicke aufweisen. In mehreren Passagen wird das Material dann zu einem dünnen Kern-Mantel-Draht gezogen, bis der gewünschte Durchmesser erreicht ist. Bei beiden beschriebenen Varianten ist eine Beweglichkeit der FGL in der Schutzhülle nicht gegeben, was eine effiziente Ausnutzung des Formgedächtniseffektes zur Verformung von Faserverbundstrukturen sehr beschränkt möglich macht.

Weniger problematisch ist Formgebung mit FGL ohne Schutzhülle bei folienartigen Verbundwerkstoffen oder bei externer Applikation der Formgedächtnisdrähte an dem Faserverbundbauteil. Da für die Verformung von FVW nicht der mechanische (passiv), sondern der thermische (aktiv) Formgedächtniseffekt der FGL genutzt wird, muss auf eine gewisse Temperaturbeständigkeit des Faserverbundwerkstoffes geachtet werden. Der thermische FGE wird in der Verbundstruktur von [46] ausgenutzt. In Abbildung 2.13 ist eine dreidimensionale Verbundmembran (M), bestehend aus zwei Lagen Kunststoff (100), und ein darin befindliches Verstärkungsnetz aus Draht (110) dargestellt. Diese Membran wird durch ein an der Oberfläche befestigtes FGL-Drahtnetz (120) charakterisiert, das sich bei Erwärmung verformt und somit die Form der gesamten flexiblen Membran vorgibt.

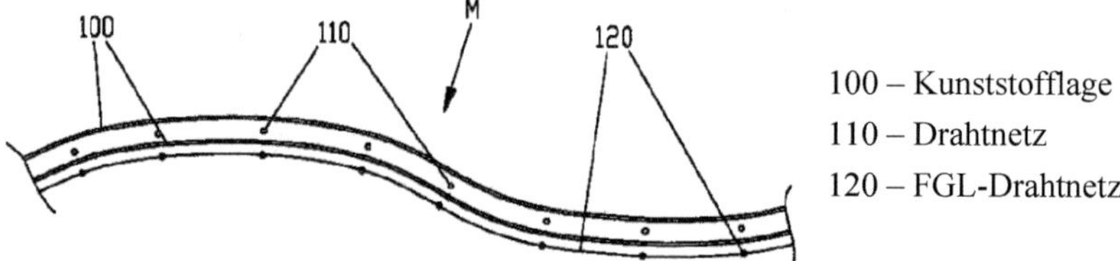

Abb. 2.13: Seitenansicht des adaptiven Formgedächtnisverbunds [46]

Das FGL-Netz ist an den Kanten mit der Polymerschicht fixiert. Die FGL wird als Zweiweg-Effekt-Aktor verwendet, der sich an- und entspannen kann. Die flexiblen Polymer Kunststoffschichten passen sich an die Formen des Aktornetzes an. Dieses Material ist für den Einsatz in Flugzeugen als Tragflächenmaterial bestimmt, um das Enteisen der Tragfläche zu erleichtern.

In [47] wird ebenfalls der Einsatz von FGL zur Verformung eines FVW dargestellt. Der adaptive Formgedächtnisverbund ist, wie in Abbildung 2.14 zu sehen, aus einer zu verformenden Platte aus elastischem Material (2) und einem aus Segmenten bestehenden FGL-Netz (1) aufgebaut.

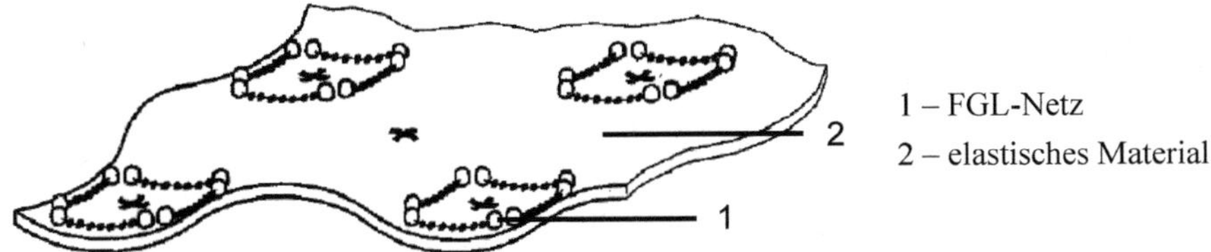

Abb. 2.14: Verbundstruktur mit FGL-Drähten [47]

Die Platte weist einen aerodynamischen Mantel auf. Das FGL-Netz kann an der Ober- und/oder Unterseite der Platte befestigt sein. Jedes FGL-Netz-Segment ist einzeln beheizbar ausgeführt. Die FGL sind in einer Führung in geringem Abstand tangential zu der verformenden Platte angebracht und beweglich. Der FGL-Draht dient als Aktor und verformt die Platte. Dehnmessstreifen (DMS) sind auf der Verbundstruktur angebracht und bilden die Sensoren. Verformt sich die Verbundstruktur, nehmen die DMS diese Verformung auf und geben es an den Rechner weiter. Der wiederum bewirkt die Anpassung des Ist-Zustandes an den Soll-Zustand der Plattengeometrie durch Ansteuerung der Stromquellen der einzelnen FGL-Segmente. Diese werden daraufhin individuell beheizt. Die Abbildung 2.14 stellt eine spezielle Ausführungsform des Verbundes dar. Die FGL-Drähte sind in Form von Rechtecken mit je vier an ihren Endpunkten befestigten Drähten angeordnet. Diese Ausführung ermöglicht eine sehr flexible, ihrem Anwendungsfall angepasste Verformung der Faserverbundplatte. Für die Anwendung solcher flexibler Platten sind Tragflügel von Flugzeugen oder Rotorblätter von Windkraftanlagen angedacht, bei denen die Anpassungen unterschiedlicher Profile bei verschiedenen Anströmungen erforderlich sind. Auch der Einsatz der FGL-Platten in Lehnen, Sitzen und Liegen ist möglich, da verschiedene Körperformen unterschiedliche Einstellungen erfordern. In [46, 47] werden die FGL-Drähte nur äußerlich angebracht und an den Rändern der Verbundplatten fixiert, um die Eigenschaften der FGL zu erhalten. Eine Integration direkt in die Verbundstruktur ist nicht Gegenstand der Veröffentlichungen [46, 47].

Die Erfindung eines Garns aus Formgedächtnislegierungen mit einer Schutzhülle zur Integration der Formgedächtnislegierungen in FVW wird in [56] publiziert. Dabei handelt es sich um einen sogenannten Fadenstrukturkörper (FSK), der mindestens eine Metalllegierung aus Formgedächtnismaterial (NiTi) enthält. Eine Mehrzahl einzelner dünner FGL-Drähte wird verdrallt oder verflochten zusammengefasst, damit sich die Verformungskräfte der einzelnen Drähte addieren. So ist es möglich, einen gewünschten kleinen Biegeradius des FSK mit großen Verformungskräften zu erzielen und die Einsatzmöglichkeiten der Konstruktionswerkstoffe zu vervielfältigen. Der FSK kann von einer Schutzhülle umgeben in eine elastomere Faserverbundstruktur eingebettet werden. Der Querschnitt eines solchen FSK mit mehreren FGL im Kern (1) und einer Schutzhülle als Mantel (2) ist in Abbildung 2.15 dargestellt.

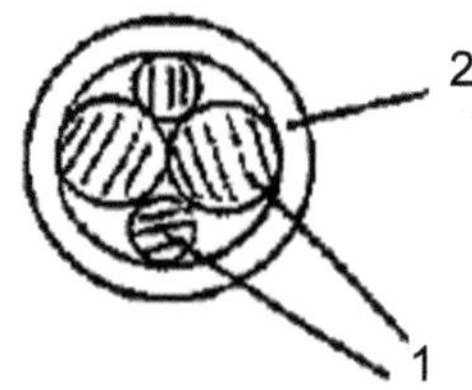

Abb. 2.15: Querschnitt des Fadenstrukturkörpers mit Schutzhülle [56]

Der FSK kann als textiles Produkt beschrieben werden. Für den Schutz der FGL werden bisher ausschließlich Schutzhüllen aus Kunststoff verwendet, da bei dem Einsatz des FSK nicht auf die Recyclebarkeit der eingesetzten Materialien sondern, auf die Funktion geachtet wird. Die zukünftigen Entwicklungen konzentrieren sich auf die Gesamtheit des Werkstoffsystems bezüglich der Energiebilanz von der Entstehung bis zum Recycling. Das Material der Schutzhülle ist für den Einsatz in elastomeren Matrices, jedoch nicht für den Einsatz in duromeren und thermoplastischen Matrices geeignet, da der Kunststoff bei den hohen Temperaturen, die im Konsolidierungsprozess der thermo- und duroplastischen FVW vorkommen, schmilzt und die Eigenschaften der FGL beeinflusst oder unterdrückt. Für den Einsatz von FGL in einem thermoplastischen FVW sind deswegen weitere Entwicklungen notwendig, die das Recycling der thermoplastischen FVW mit adaptiven Strukturen und die Funktion der FGL berücksichtigen.

3 Eignung aktorischer Funktionskomponenten für die Realisierung einer Verformung in FVW

3.1 Analyse und Bewertung der Funktionskomponenten

In Kapitel 2 ist ein Überblick über die möglichen aktorischen und sensorischen Materialien für die Integration in Faserverbundwerkstoffe (FVW) gegeben. Nach diesen Ausführungen werden nun die Funktionskomponenten betrachtet, welche für eine aktorische Aufgabe, speziell für die Verformung von FVW, geeignet sind und welche die grundlegendenden Voraussetzungen für eine textile Verarbeitung erfüllen. In der Tabelle 3.1 sind die aktorischen Funktionskomponenten aufgeführt. In der letzten Spalte erfolgt die Abschätzung, ob die Funktionskomponenten nach einer textiltechnologischen Verarbeitung ohne Schädigung in ein textiles Halbzeug integriert werden können.

Tabelle 3.1: Überblick aktorischer Funktionskomponenten

Funktionskom- ponente	Aktivierung durch	Reaktion	Verarbeitungs- aufmachung	Textiltech- nisch inte- grierbar
Gedächtnispoly- mere	Wärme	Formänderung	fest, Drahtform	ja
Bimetalle	Wärme	Formänderung	fest, Drahtform	nein
piezoelektrische Materialien	elektrisches Feld	Formänderung	fest, Monofil mit sehr begrenzter Länge	nein
elektrostriktive Materialien	elektrisches Feld	Formänderung	fest, keine Faserform	nein
magnetostriktive Materialien	magnetisches Feld	Formänderung	fest, keine Faserform	nein
Formgedächtnis- legierungen	Wärme, elektrisches Feld	Formänderung	fest, Drahtform	ja

Die Gedächtnispolymere eignen sich für eine textile Verarbeitung. Bei der Konsolidierung duroplastischer oder auch thermoplastischer FVW wird aber die Umwandlungstemperatur (TTR), die je nach Polymer zwischen 40 - 120° C liegt, in der Regel überschritten. Damit wird der einmalige Formgedächtniseffekt ausgelöst und steht für eine aktorische Anwendung nicht mehr zur Verfügung. Gedächtnispolymere sind textiltechnologisch verarbeitbar, aber nach dem Konsolidierungsprozess im späteren FVW nicht als Aktor anwendbar.

Bimetalle können ebenfalls für aktorische Aufgaben eingesetzt werden. Aufgrund des Aufbaus haben die Bimetalle nur eine begrenzte Ausdehnung. Da Bimetalle aus zwei Materialien mit unterschiedlichen Wärmeausdehnungskoeffizienten bestehen, die parallel zur Längsachse angeordnet sind, eignen sie sich vorrangig nur für aktorische Anwendungen. Bimetalle in Draht- oder Garnform für aktorische Biegeanwendungen sind nicht bekannt. Bimetalldrähte werden vorrangig in der Elektroindustrie für Stromfreileitungen eingesetzt. Hierbei werden z. B. Stahldrähte mit einem Kupfermantel versehen, um gegenüber reinem Stahl die Leitfähigkeit und gegenüber reinem Kupfer die Zugfestigkeit zu erhöhen. Problematisch wäre bei einer Anwendung von Bimetalldrähten für Biegeanwendungen die exakte Ausrichtung der Drähte im FVW. Die geringste Torsion des Drahtes, die bei einer textiltechnologischen Integration immer auftritt, würde die Biegelinie aus der gewünschten Verformungsebene auslenken und die Funktion unterdrücken. Damit sind Bimetalldrähte für die verfolgte Anwendung ungeeignet.

Piezoelektrische Materialien, insbesondere PZT und PVDF-Filme, sind im Hinblick auf die Curie-Temperatur für alle diejenigen Matrixsysteme gut geeignet, die bereits ab ca. 70 - 180° C aushärten. Andernfalls gehen die piezokeramischen Eigenschaften durch das Überschreiten der Curie-Temperatur verloren. Die Curie-Temperatur liegt bei PZT zwischen 180 - 400° C, wobei PZT mit einer sehr hohen Energiedichte in der Regel niedrige Curie-Temperaturen zwischen 180 - 200° C aufweisen. PVDF besitzt eine Curie-Temperatur von ca. 100° C [57]. Die auftretende thermische Depolarisierung der Keramiken, d. h. der Verlust der piezoelektrischen Eigenschaften, kann durch eine nachträgliche Repolarisierung, welche bei einer Temperatur knapp unter der Curie-Temperatur abläuft, rückgängig gemacht werden. Eine weitere Verarbeitungsgrenze bildet die Materialsprödigkeit der Piezokeramiken. Im ungesinterten Zustand sind die PZTs biegeschlaff und somit gut textil verarbeitbar. Jedoch erhalten sie erst nach dem Sintern (bei ca. 1 300° C) die piezoelektrischen Eigenschaften, wodurch sie sehr spröde werden. Nun dürfen sie keinen Biege- (Zug/Druck) und Torsionsbelastungen, die bei der textilen Verarbeitung nicht zu vermeiden sind, mehr ausgesetzt werden, da sie sonst sofort brechen würden. Das macht sie für die angestrebte Herstellung eines textilen Hybridgarns unbrauchbar. Auch ein Sintern nach der Integration der PZTs in den FVW ist nicht möglich. Dieser Prozess erfolgt bei einer sehr hohen Temperatur, wodurch die Verstärkungskomponente GF und die Matrixkomponente PP bzw. PES aufschmelzen bzw. geschädigt werden oder sogar verdampfen [26, 27, 32].

Da elektrostriktive und magnetostriktive Materialien zurzeit nicht kommerziell in Faserform erhältlich sind, kommen diese Materialien für eine Integration in Hybridgarne nicht in Frage [32].

Bei den Materialien mit aktorischer Anwendung sind die in Drahtform vorliegenden Formgedächtnislegierungen (FGL) aufgrund des Leistungsvermögens und der Möglichkeit textiltechnologisch integriert zu werden, äußerst zweckmäßig für die Integration in FVW. Trotzdem ergeben sich bei der Integration von FGL in eine Verbundstruktur materialbedingt ein paar Besonderheiten bzw. Restriktionen. Dies sind speziell die Dynamik und die Langzeitstabilität, die Struktur und das Material des Faserverbundwerkstoffes, die Konsolidierungstemperatur sowie die Art und Weise der Vorbehandlung der Formgedächtnisdrähte. Eine Oberflächenbehandlung der FGL-Drähte kann z. B. die Polarität der Drahtoberfläche erhöhen und verbessert damit die Adhäsion der FGL-Drähte zur Matrix, woraus sich eine Zunahme der Haftung zwischen den beiden Komponenten ergibt [5]. Eine gute Haftung ist für eine passive Funktionalisierung mit FGL für die Beeinflussung der mechanischen Werkstoffeigenschaften von herausragender Bedeutung.

Hinsichtlich der Dynamik ergeben sich durch die immanente starke thermische Abhängigkeit des Formgedächtniseffekts dahingehend Einschränkungen, dass die Schaltfrequenz von der Abfolge der Erwärmungs- und der Abkühlungszyklen der Formgedächtnisdrähte abhängig ist. Dabei stellt die Erwärmung, wenn sie durch elektrischen Strom erfolgt, in der Regel kein Problem dar. Problematisch ist bei der Einbettung der Drähte in eine Verbundstruktur die Wärmeabfuhr. Diese erfolgt hauptsächlich durch den Wärmeübergang von der FGL zum FVW, der

Wärmeleitung durch den FVW sowie dem Wärmeübergang nach außen zur Umgebung [13]. Deshalb sind FGL als Aktor für schnelle, zyklische Bewegungen ungeeignet. Eine sehr schnelle Auslösung des Formgedächtniseffektes im Millisekundenbereich ist aber durch eine entsprechend hohe Energieeinbringung, z. B. durch einen Kondensator, möglich [17, 48]. Zu beachten ist des Weiteren, dass die Verformungsgeschwindigkeit, das umgebende Medium und die Geometrie des FGL-Elements einen Einfluss auf die Erwärmung und die Abkühlung während der Phasenumwandlung haben und somit die Funktion des Formgedächtnisdrahtes stark beeinflussen [58].

Zur Langzeitstabilität des Formgedächtniseffekts an Drähten, die in eine Verbundstruktur zur aktiven Verformung eingebettet sind, gibt es bis heute nur sehr oberflächliche Untersuchungen. Ein großer Teil der Arbeiten beschränkt sich auf Untersuchungen der Langzeitstabilität des Formgedächtniseffekts von Drähten, die nicht eingebettet in einem FVW vorliegen [48]. Da hier die reine Integration von FGL in FVW im Vordergrund steht, spielt die Betriebsdynamik und die Langzeitstabilität eine untergeordnete Rolle und wird deshalb nicht näher betrachtet.

Ein entscheidender Faktor für die optimale Ausnutzung des Formgedächtniseffekts einer FGL ist die Wahl des Verstärkungs- und Matrixmaterials für den Faserverbundwerkstoff. Hierbei ist es für die Verformung von Verbundstrukturen unbedingt notwendig, dass die mechanischen Eigenschaften der Faserverbundwerkstoffe, insbesondere das Kraft-Dehnungs-Verhalten, mit der notwendigen Vordehnung bzw. Vorbelastung der Formgedächtnisdrähte korrelieren müssen [13]. Diese Restriktion ist aber nur zu beachten, wenn der FGL-Draht ohne Schutzhülle direkt in die Faserverbundstruktur integriert wird. Da hier die textiltechnologische Integration über ein Hybridgarn mit einem Schutzmantel aus Verstärkungsfasern erfolgt, hat diese Einschränkung keine Relevanz.

Die Entwicklung der Hybridgarne in dieser Arbeit konzentriert sich dabei auf eine vollständige Kernabdeckung durch Verstärkungsfasern und einer FGL als Kern sowie auf die Gewährleistung der freien Beweglichkeit der FGL im Verbund, was eine optimale Ausnutzung des Formgedächtniseffektes garantiert. Die Hybridgarne werden durch das OE-Friktionsspinnverfahren hergestellt. Durch die textiltechnologische Verarbeitung dieser FGL-Hybridgarne und die Integration in textile Verstärkungsstrukturen wird ein Halbzeug zur Funktionalisierung von Faserverbundwerkstoffen zur Verfügung gestellt.

Ein zusätzlicher Vorteil bei der Verarbeitung von Hochleistungsfaserstoffen als Ummantelung für spezielle Funktionskomponenten mittels der OE-Friktionsspinntechnik ist, dass z. B. bei elektrisch leitenden Verstärkungsmaterialien und Funktionskomponenten, diese mit einem Isoliermantel aus nicht leitendem Verstärkungsmaterial ausgestattet und so elektrisch isoliert werden können. Damit kann bei der Realisierung von Sensor- und Aktornetzwerken der Mantel nicht nur die Isolierung der elektrischen Leiter zwischen Sensoren und Datenschnittstellen gewährleisten, sondern auch zusätzlich eine Verstärkungswirkung erfüllen. Bisher ist, wie in Abbildung 3.1 zu sehen, die elektrische Isolierung bei solchen Netzwerken nur durch die Integration von elektrisch nichtleitenden Fasern (Glasfaser) zwischen den Leitern möglich.

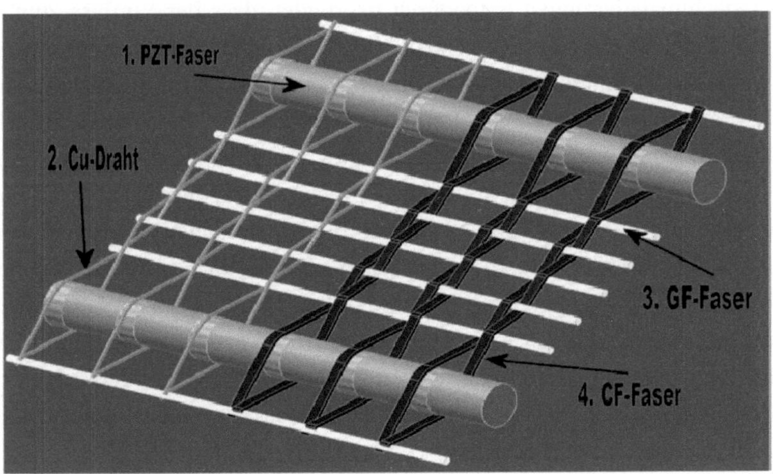

Abb. 3.1: Gewebe zur Kontaktierung von PZT-Fasern [59]

Damit bei einer Konsolidierung die Austenit-Finish-Temperatur (A_f) der FGL nicht überschritten wird und die Formgedächtniseigenschaften auch nach der Konsolidierung noch vorhanden sind, wird als duroplastisches Harz ein Vinylester-Harz verwendet. Die Konsolidierungstemperatur bei Reinharzplatten liegt bei maximal 140° C. Glasfaserverstärkte Vinylester-Platten haben mit ca. 60° C eine Konsolidierungstemperatur die unter A_f liegt.

Wie sich die Art und Weise der Vorbehandlung der Formgedächtnisdrähte auf die Formgedächtniseigenschaften auswirkt, wird in den nächsten Abschnitten vorgestellt.

3.2   Charakterisierung und Bewertung der Formgedächtnislegierungen

3.2.1   Verwendete Formgedächtnislegierungen

In Tabelle 3-2 sind die Formgedächtnislegierungen für die experimentellen Untersuchungen aufgeführt. Die Auswahl der einzelnen, kommerziell erhältlichen Formgedächtnislegierungen ist dadurch begründet, dass der Einfluss zum einen der Legierungsart und der unterschiedlichen Wärmebehandlungsmethoden sowie zum anderen die unterschiedlichen Durchmesser und Oberflächeneigenschaften auf die Formgedächtniseigenschaften untersucht werden. Die Legierungen Dy70 und Dy90 werden vom Hersteller als Flexinol^{TM} bezeichnet. Sie werden aus den Legierungen M oder H in einem von der Firma Dynalloy Inc. lizensierten Prozess hergestellt. Bei diesem Prozess werden die Legierungen thermomechanisch behandelt und erhalten einen intrinsischen *Zweiweg-Effekt* (siehe Kapitel 2). Diese Legierungen können damit sowohl bei Erwärmung als auch bei Abkühlung jeweils eine vorher definierte Form einnehmen und setzen große Kräfte bei der Verformung frei. Die Drähte aus diesen Legierungen werden dementsprechend hauptsächlich als Aktoren eingesetzt und besitzen eine hohe Langzeitstabilität über mehrere tausend Formänderungszyklen [60].

Die Legierung vom Typ H ist eine Standardlegierung. Sie ist nicht thermomechanisch behandelt und weist somit nur einen *Einweg-Effekt* auf. Die Umwandlungstemperatur (TTR) liegt in einem Bereich von ca. 95° bis 110° C. Laut Datenblatt des Herstellers wird diese Legierung für aktorische Anwendungen und bei einer Aktivierung mittels elektrischen Stroms oder kochendem Wasser eingesetzt. Die Legierung H enthält ca. 49,4...49,6 at-% Nickel (Ni). Legierungen mit einem nahezu stöchiometrischen Atomverhältnis besitzen die leistungsfähigsten Formgedächtniseigenschaften. Die Zusammensetzung kann zwischen einem Ni-Anteil von 49,0...52,0 at-% Ni variieren. Mit dieser Modifikation schwanken aber auch die Umwandlungstemperaturen [60, 61].

Tabelle 3-2: Formgedächtnislegierungen für die Untersuchungen

Gruppe	1		2		3	
Bezeichnung	a	b	a	b	a	b
Durchmesser d/mm	0,254	0,254	0,259	0,250	0,201	0,201
Oberfläche	Oxid	Oxid	Oxid	poliert	Oxid	Oxid
Legierungstyp	Dy70 (Flexinol)	Dy90 (Flexinol)	H	H	H	H
Wärmebehandlung	thermo-mechanisch behandelt	thermo-mechanisch behandelt	kalt bearbeitet	kalt bearbeitet	kalt bearbeitet mit Wärmebehandlung	kalt bearbeitet
Umwandlungs-Temperatur TTR/°C	70	90	95 - 110		95 - 110	

Die in Tabelle 3-2 aufgelisteten FGL weisen unterschiedliche Wärmebehandlungen auf. Die Legierungen 1a und 1b sind thermomechanisch behandelt. Die Legierungen 2a, 2b, 3b dagegen sind nur kaltbearbeitet. Sie sind nicht wärmebehandelt, sondern bei ihrer Herstellung nur kaltgezogen worden. Die Legierungen haben noch keine ausgeprägten Formgedächtniseigenschaften, eignen sich jedoch hervorragend für eine nachträglich durchzuführende Wärme- bzw. thermomechanische Behandlung. Die Legierung 3a ist vom Hersteller unter speziellen Prozessbedingungen (Temperatur, Druck, usw.) vor der Auslieferung wärmebehandelt [60]. Die Legierung 2a und 2b unterscheiden sich in der Oberflächenbehandlung voneinander. Hier soll der Einfluss der Oberfläche und deren Auswirkung auf die Eigenschaften in den folgenden Untersuchungen zur Hybridgarn- und Verbundcharakterisierung ermittelt werden.

Die Eigenschaften der Formgedächtnislegierungen sind stark legierungs- und temperaturabhängig. Die Angaben in der Tabelle 3-3 sind allgemeine Eigenschaften des Herstellers und demzufolge nur ungefähre Richtwerte.

Tabelle 3-3: Allgemeine Eigenschaften der Formgedächtnislegierungen [62]

Physikalische Eigenschaften	
Schmelzpunkt T_S/°C	ca. 1 310
Dichte ρ/kg·m^{-3}	6 450
Wärmeleitfähigkeit Martensit λ/W·(m·K)$^{-1}$	ca. 9
Wärmeleitfähigkeit Austensit λ/W·(m·K)$^{-1}$	ca. 18
spezifischer elektrischer Widerstand ρ/10^{-8}·Ω·m	50 - 110
linearer thermischer Ausdehnungskoeffizient des Martensit α/K^{-1}	ca. 6,7 x 10^{-6}
linearer thermischer Ausdehnungskoeffizient des Austenit α/K^{-1}	(10 - 11) x 10^{-6}
Korrosionseigenschaften und Biokompatibilität	exzellent
Mechanische Eigenschaften	
E-Modul[6] des Austenit E/GPa	ca. 70 - 80
E-Modul[6] des Martensit E/GPa	ca. 23 - 41
Zugfestigkeit kaltverfestigt σ/MPa	bis zu 1 900
Zugfestigkeit vollständig geglüht σ/MPa	ca. 900
Querkontraktionszahl ν	0,33
Bruchdehnung kaltverfestigt ε/%	5 - 20
Bruchdehnung vollständig geglüht ε/%	20 - 60
Zerspanbarkeit	schlecht

3.2.2   Ermittlung der theoretischen elektrischen Leistung für die Erwärmung über TTR

Für die Erwärmung der FGL auf die TTR, d. h. für eine Aktivierung des Formgedächtniseffektes, kann u. a. elektrischer Strom genutzt werden. Durch die Bestimmung des spezifischen elektrischen Widerstandes der einzelnen FGL-Drähte und durch die Kenntnis des Zusammenhangs zwischen der eingebrachten elektri-

---

[6] ungenaue Angabe, da temperaturabhängig und stark nicht-lineares σ-ε-Verhalten [62]

schen Leistung und der Erwärmung des Drahtes, können Erkenntnisse für die gezielte Aktivierung der Formgedächtniseigenschaften gewonnen werden. Diese sind für die durchzuführenden Kraft-Dehnungs-Versuche eine wichtige Voraussetzung.

Der spezifische elektrische Widerstand wird vom Hersteller mit einem Bereich von (50 bis 110) $\cdot 10^{-8}\,\Omega\cdot$m angegeben und lässt dadurch keine genaue Angabe zu. Um den spezifischen elektrischen Widerstand der Formgedächtnisdrähte genauer zu bestimmen, erfolgt zunächst die Messung des ohmschen Widerstands mit einem Multimeter FLUKE 45 der Fa. Fluke. Pro Legierung wird der Widerstand an Abschnitten mit einer Länge von $l_{30} = 0,3\ m$ bestimmt. Aus diesen Messwerten kann mittels Gleichung 3.1 der spezifische elektrische Widerstand ρ berechnet werden

$$R = \frac{\rho \cdot l}{A_0}\ ;\ \rho = \frac{R \cdot A_0}{l}\,. \tag{3.1}$$

R — ohmscher Widerstand, R/Ω

ρ — spezifischer elektrischer Widerstand, $\rho/\Omega\cdot$m

l — Länge des Leiters ($\triangleq l_{30}$), l/m

A_0 — Querschnittsfläche, A_0/m^2

Für die zu untersuchenden Legierungen sind die Ergebnisse in Tabelle 3-4 zusammengestellt. Die Belastungsabhängigkeit des spezifischen elektrischen Widerstandes wird nicht in den Berechnungen berücksichtigt, da sich diese geringe Widerstandsänderung nur wenig auf eine Änderung des elektrischen Stroms auswirkt. In [17] wird eine Belastungsabhängigkeit des Widerstandes bei konstanten Temperaturen nachgewiesen, die für sensorische Aufgaben genutzt werden kann, bei der eine Widerstandsänderung infolge einer wechselnden Belastung detektiert wird. Auch die Temperaturabhängigkeit des spezifischen elektrischen Widerstandes bleibt in den experimentellen Untersuchungen unberücksichtigt.

Tabelle 3-4: Spezifischer elektrischer Widerstand ρ der Formgedächtnisdrähte für die Länge l_{30}

Draht	1a	1b	2a	2b	3a	3b
Oberfläche	Oxid	Oxid	Oxid	poliert	Oxid	Oxid
d/mm	0,254	0,254	0,259	0,250	0,201	0,201
A_0/m^2	$5,07{\cdot}10^{-8}$	$5,07{\cdot}10^{-8}$	$5,27{\cdot}10^{-8}$	$4,91{\cdot}10^{-8}$	$3,17{\cdot}10^{-8}$	$3,17{\cdot}10^{-8}$
R_{30cm}/Ω	5,513	5,603	6,903	7,560	8,277	12,997
$\rho/{\cdot}10^{-8}{\cdot}\Omega{\cdot}m$	94,980	96,500	123,167	125,500	88,705	138,629

Die elektrische Leistung P_{el}, die für die Erwärmung des Drahts einer Länge $l_{10} = 0{,}1\ m$ benötigt wird, kann mit Gleichung 3.3 berechnet werden. Die Länge l_{10} wird aufgrund der vorhandenen Prüftechnik, insbesondere wegen der Auflösung der Wärmebildkamera so festgelegt. Durch das Einsetzen von der Gleichung 3.1 in die Gleichung 3.2 ergibt sich für P_{el} die Gleichung 3.3 wie folgt:

$$P_{el} = I^2 \cdot R\,,$$

P_{el} – elektrische Leistung, P_{el}/W
I – Stromstärke, I/A
R – elektrischer Widerstand, R/Ω

(3.2)

$$P_{el} = I^2 \cdot \frac{\rho \cdot l}{A_0}\,.$$

ρ   – spezifischer elektrischer Widerstand, ρ/Ω·m
l – Drahtlänge ($\triangleq l_{10}$), l/m
A_0 – Querschnittsfläche, A_0/m^2

(3.3)

Die elektrische Leistung wird zum einen für die Erwärmung des Formgedächtnisdrahtes, Gleichung 3.4, und zum anderen zur Kompensation des Wärmeverlustes infolge des Wärmeübergangs vom Draht an die Umgebung, Gleichung 3.6, benötigt. Damit lässt sich für die elektrische Gesamtleistung, die für die Erwärmung des Drahtes und zur Kompensation des Wärmeverlustes notwendig ist, die Gleichung 3.7 formulieren. Für den hier betrachteten stationären Zustand, der Draht hat durch die sehr kleine Wärmekapazität C in einer vernachlässigbar kurzen Zeit die TTR erreicht, gilt $\dot{Q} = 0$.

$$\dot{Q} = c \cdot m \cdot |(T_A - T_E)|$$ (3.4)

$\dot{Q}$ – Wärmestrom für Erwärmung, $\dot{Q}/\text{W}$

c – spezifische Wärmekapazität, $c/\text{J}\cdot(\text{kg}\cdot\text{K})^{-1}$

m – Masse, m/kg

T_A – Anfangstemperatur Draht, $T/°\text{C}$

T_E – Endtemperatur Draht, $T/°\text{C}$

$$m = \rho \cdot A_0 \cdot l$$ (3.5)

ρ – Dichte, $\rho/\text{kg}\cdot\text{m}^{-3}$

A_0 – Querschnittsfläche, A/m^2

l – Drahtlänge ($\triangleq l_{10}$), l/m

$$\dot{Q}_{W\ddot{U}} = \alpha \cdot A_M \cdot |(T_1 - T_2)|$$ (3.6)

$\dot{Q}_{W\ddot{U}}$ – Wärmestrom infolge Wärmeübergang, $\dot{Q}_{W\ddot{U}}/\text{W}$

α – Wärmeübergangskoeffizient, $\alpha/\text{W}\cdot(\text{K}\cdot\text{m}^2)^{-1}$

A_M – Mantelfläche, A/m^2

T_1 – Temperatur Draht, $T/°\text{C}$

T_2 – Temperatur Umgebung, $T/°\text{C}$

$$P_{el} = \dot{Q} + \dot{Q}_{W\ddot{U}}$$ (3.7)

P_{el} – elektrische Leistung, P/W

Durch das Einsetzen der Gleichungen 3.3 - 3.6 in die Gleichung 3.7 kann die benötigte elektrische Stromstärke *I* für die Erwärmung berechnet werden, Gleichung 3.8:

$$I = \sqrt{\alpha \cdot A_M \cdot |(T_1 - T_2)| \cdot \frac{A}{\rho \cdot l_{10}}} \cdot$$ (3.8)

I – Stromstärke, I/A

α – Wärmeübergangskoeffizient, $\alpha/\text{W}\cdot(\text{K}\cdot\text{m}^2)^{-1}$

A_M – Mantelfläche, A/m^2

A – Querschnittsfläche, A/m^2

T_1 – Temperatur Draht, $T/°\text{C}$

T_2 – Temperatur Umgebung, $T/°\text{C}$

ρ – spezifischer elektrischer Widerstand, $\rho/\Omega\cdot\text{m}$

l_{10} – Drahtlänge, l/m

Die Energiebereitstellung erfolgt über eine stromgeregelte Spannungsquelle. In der Tabelle 3-5 sind die Ergebnisse für die theoretische elektrische Leistung und den elektrischen Strom der einzelnen FGL-Varianten dargestellt. Die Temperaturdifferenz ΔT für den Wärmeübergang berechnet sich aus der Differenz zwischen der Raumtemperatur im Prüflabor, welche $20°$ C beträgt, und der jeweiligen TTR der zu charakterisierenden Legierung. Für Flexinol Dy70 (Legierung 1a) beträgt $T_1 = 70°$ C und für Flexinol Dy90 (Legierung 1b) ist $T_1 = 90°$ C. Für die Legierung H (der Gruppe 2 und der Gruppe 3) wird $T_1 = 110°$ C angenommen[7]. Die Drahtlänge $l_{10} = 0{,}1$ m ist gleichzeitig die Einspannlänge am Zugprüfgerät für die Kraft-Dehnungs-Versuche. Als Wärmeübergangskoeffizient zwischen der Luft und dem FGL-Draht wird $\alpha = 100$ W/ K·m² angenommen. Es wird zugrundegelegt, dass die Luft strömungsfrei ist und es sich deshalb um eine freie Konvektion in Luft handelt. Als spezifische elektrische Widerstände werden die zuvor bestimmten Werte verwendet (s. Tabelle 3-4).

Tabelle 3-5: Theoretische elektrische Stromstärke für die Erwärmung FGL-Drähte

Draht	1a	1b	2a	2b	3a	3b
l_{10}/mm	100	100	100	100	100	100
d/mm	0,254	0,254	0,259	0,250	0,201	0,201
A_0/m²	$5{,}07 \cdot 10^{-8}$	$5{,}07 \cdot 10^{-8}$	$5{,}27 \cdot 10^{-8}$	$4{,}91 \cdot 10^{-8}$	$3{,}17 \cdot 10^{-8}$	$3{,}17 \cdot 10^{-8}$
A_M/m²	$7{,}99 \cdot 10^{-5}$	$7{,}99 \cdot 10^{-5}$	$8{,}15 \cdot 10^{-5}$	$7{,}86 \cdot 10^{-5}$	$6{,}32 \cdot 10^{-5}$	$6{,}32 \cdot 10^{-5}$
Erwärmung auf	**70° C**	**90° C**	**110° C**			
elektrische Leistung P_{el}/W	0,40	0,56	0,73	0,71	0,57	0,57
notwendige Stromstärke I/A	0,466	0,547	0,564	0,530	0,454	0,362

3.2.3   Einfluss der Temperatur auf die Gedächtniseigenschaften

Um das Verhalten der Formgedächtnislegierungen in Bezug auf ihre mögliche Deformation und Rückformung zu erschließen, ist es wichtig, das Verhalten der FGL hinsichtlich ihrer Temperatur zu kennen. Die Temperatur der FGL hat Einfluss auf das Gefüge, welches in der Kristallstruktur dominant ist (Martensit

---

[7] Der Hersteller gibt für die Legierung H eine Temperaturspanne für $A_f = 95 - 110°C$ an.

oder Austenit). In der Abbildung 3.2 ist die Abhängigkeit des Martensit- und Austenitanteils von der Temperatur dargestellt.

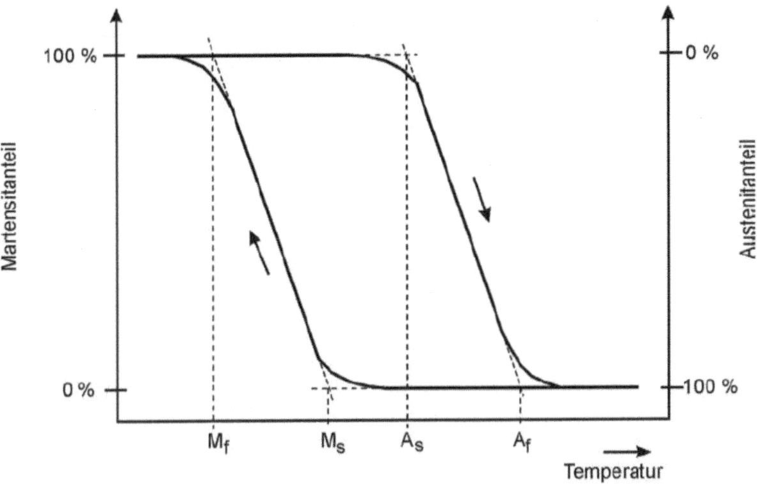

Abb. 3.2: Martensit- und Austenitanteil in Abhängigkeit von der Temperatur [17]

Der thermodynamische Weg einer Formgedächtnislegierung ist bei einem Temperaturzyklus Erwärmen – Abkühlen durch vier charakteristische Temperaturen gekennzeichnet. Die Austenit-Start- (A_s) und Austenit-Finish-Temperatur (A_f) markieren den Beginn und das Ende der Austenitbildung, d. h. der Umwandlung des martensitischen Gefüges in Austenit. Die Gefügeumwandlung von Martensit in Austenit erfolgt dabei in einem Temperaturbereich von 10 bis 20 K. Die Martensit-Start- (M_s) und Martensit-Finish-Temperatur (M_f) markieren den Beginn und das Ende der Martensitbildung. Unterhalb von M_f liegt im Gefüge 100% Martensit vor (entweder reines oder in Zwillingsstruktur). Die Umwandlungstemperatur TTR wird in der Literatur meist mit A_f bezeichnet, da beim Erreichen dieser Temperatur die vollständige Umwandlung des martensitischen in das austenitische Gefüge abgeschlossen ist [32].

Wird eine bei Raumtemperatur verformte FGL über A_s erwärmt, beginnt die Umwandlung des Gefüges vom Martensit in den Austenit. Diese Umwandlung ist beim Erreichen von A_f abgeschlossen. Wird die FGL wieder abgekühlt, liegt bei

Raumtemperatur erneut Martensit vor. Für den *Einweg-Effekt* sind die Temperaturen A_s und A_f charakteristisch. Beim *Zweiweg-Effekt* sind alle vier erläuterten Temperaturen kennzeichnend, da bei diesem Effekt eine Verformung der FGL sowohl bei Erwärmung als auch bei Abkühlung auftritt. In der Regel zieht sich die FGL bei Erwärmung zusammen und bei Abkühlung dehnt sie sich aus.

Die Phasenumwandlungen beim *Ein-* und *Zweiweg-Effekt* erfolgen bezüglich der Temperatur in einer Hystereseschleife. Die Breite der Hysterese

$$\Delta T = A_s - M_f$$

ΔT – Temperaturdifferenz, $\Delta T/K$

A_s – Austenit-Start-Temperatur, $T/°C$

M_f – Martensit-Finish-Temperatur, $T/°C$

(3.9)

ist legierungsabhängig. Das Hystereseverhalten ist im Gegensatz z. B. zum Bimetall sehr ausgeprägt. Durch eine thermomechanische Behandlung kann der Verlauf der Temperatur-Dehnungs-Hysteresekurve verändert werden. Ist der Anstieg steil, bedeutet das eine große, nahezu sprunghafte Formänderung bei einer geringen Temperaturänderung. Eine geringe Steigung der Hysteresekurve ist kennzeichnend für eine proportionale, kontinuierliche Formänderung der FGL [31, 32].

3.2.4   Theoretisches Materialverhalten

Eine Längenausdehnung infolge der Erwärmung über TTR wird aufgrund des sehr kleinen linearen thermischen Ausdehnungskoeffizienten hier nicht berücksichtigt. Um das Verhalten der Formgedächtnislegierungen im Kraft-Dehnungs- (F-ε)-Bereich zu beschreiben, werden verschiedene Dehnungen formuliert:

$$\varepsilon_{ges} = \varepsilon_e + \varepsilon_{pe} + \varepsilon_{pp} + \varepsilon_p \ .$$

ε_{ges} – Gesamtdehnung, $\varepsilon/\%$

ε_e – elastische Dehnung, $\varepsilon/\%$

ε_p – plastische Dehnung, $\varepsilon/\%$

ε_{pe} – pseudoelastische Dehnung, $\varepsilon/\%$

ε_{pp} – pseudoplastische Dehnung, $\varepsilon/\%$

(3.10)

Wie bei anderen Metalllegierungen tritt auch bei FGL die klassisch elastische (reversibel) Dehnung ε_e auf. Die pseudoelastische Dehnung ε_{pe} kommt, wie schon in Kapitel 2 erwähnt, im Hochtemperaturbereich vor und kann die elastische Verformung konventioneller Metalle um das 20-fache überschreiten sowie legierungsabhängig eine Dehnung von bis zu 8% erreichen. Dieses Verhalten zeigt sich in einem Temperaturbereich $A_f < T < M_d$. Mit M_d wird die maximale Temperatur bezeichnet, bei der die FGL gerade noch in der Lage sind, spannungsinduzierten Martensit zu bilden [58]. Es gilt:

$$M_d = \max M_s(\sigma) \ . \qquad M_s - \text{Martensit-Start-Temperatur } M_s/°C \qquad (3.11)$$

Die pseudoplastische Dehnung ε_{pp} ist eine scheinbar plastische Verformung bis 5% bei Legierungen mit *Einweg-Effekt* und bis zu 8% bei Legierungen mit *Zweiweg-Effekt*. Diese Dehnung kann durch das Erwärmen der FGL auf A_f wieder vollständig beseitigt werden. In diesem Bereich findet keine Verfestigung des Materials durch die Umorientierung von Kristallbereichen statt.

Ab einer plastischen Dehnung von $\varepsilon_p > 8\%$ kommt es zu Gefügeveränderungen in den FGL. Diese können in zwei Bereiche unterteilt werden. Der Bereich $\varepsilon_p \approx 8 - 12\%$ ist durch ein örtliches Scheren von Kristallbereichen und Korngrenzen charakterisiert. Diese bleibende Dehnung kann durch thermomechanische Behandlung (siehe Kapitel 2) wieder rückgängig gemacht werden und ist gleichzeitig der Bereich, der zum Antrainieren des *intrinsischen Zweiweg-Effekts* verwendet wird. Ab einer Dehnung von $\varepsilon_p \approx 12 - 40\%$ tritt intramartensitische Scherung auf und es entstehen große Körner[8], die teilweise die Gitterebenen der Kristalle schneiden[9]. In diesem Bereich tritt eine hohe Materialverfestigung durch die Akkumulation von Defekten im Kristallgitter auf und der Martensit wird irreversibel geschädigt. Die hier dargestellten absoluten Dehnungen sind nur theoretische Kennwerte und variieren bei den einzelnen FGL in Abhängigkeit von der Legierungszusammensetzung und vom Vorleben bzw. vom Herstellungsprozess der Drähte [63].

---

[8] complex homogeneous intramartensitic shear in multiple slip systems, development of pan-cake grains [63]

[9] intramartensitic shear partially intersecting the planes of lattice invariant shear [63]

3.2.5 Mechanische Charakterisierung

Die Kraft-Dehnungs-Versuche zur mechanischen Charakterisierung der FGL werden im Prüflabor des ITM (Institut für Textilmaschinen und textile Hochleistungswerkstofftechnik) an der Zugprüfmaschine Zwick Z 2.5 durchgeführt. Die einzelnen Prüfungen sollen die Belastungen während der Garnherstellung, der Garnverarbeitung und der Konsolidierung nachbilden sowie die Auswirkungen auf die Formgedächtniseigenschaften feststellen und werden jeweils an neuen Proben durchgeführt. Die Bestimmung des reinen Kraft-Dehnungs-Verhaltens ist an der Zugprüfung von metallischen Werkstoffen (DIN EN 10002-1) angelehnt. Die Prüfungen einer simulierten Belastung zwischen den einzelnen Verarbeitungsschritten entsprechen keiner Norm und werden mit Bezug auf vorhandene Normen und Literatur durchgeführt. Der Kraftaufnehmer besitzt einen Messbereich bis 500 N. Die Einspannung der FGL-Drähte in die Zugprüfmaschine wird durch pneumatische Klemmen mit Feilenhiebbacken und je ein Stück Wildleder realisiert. Das Wildleder übernimmt zum einen die Funktion einer rutschhemmenden Klemmung und zum anderen die elektrische Isolation zur Prüfmaschine. Der Klemmdruck wird bei allen Versuchen auf 6 bar eingestellt. Bei allen Versuchen beträgt die Einspannlänge 100 mm und die Vorspannkraft 20 cN. Die Prüfgeschwindigkeit wird je nach Prüfung variiert und immer lagegeregelt durchgeführt. Die Eigenschaften der FGL (z. B. der F-ε-Verlauf) sind stark legierungs- und temperaturabhängig. Dabei ist das Klima (Temperatur und Luftfeuchte) entscheidend für den Wärmeübergang beim Erwärmen der FGL-Drähte. Dieser Einfluss des Klimas wird stark minimiert bzw. soll kalkulierbar gemacht werden, indem die Prüfungen bei einem Normklima nach DIN EN ISO 139 durchgeführt werden. Für alle Legierungen bedeutet dies, dass bei Raumtemperatur im Gefüge zu 100% Martensit vorliegt. Für die Versuche, bei denen eine Erwärmung auf TTR der FGL-Drähte notwendig ist, wird eine Stromquelle genutzt. Die elektrische Ankopplung der Energieversorgung erfolgt über eine geeignete Anschlussklemme, direkt an der pneumatischen Klemme in einem Abstand von 100 mm, welche über Kabel mit einem Netzgerät verbunden sind. Die Anbringung der Anschlussklemmen erfolgt vor dem Start der Prüfungen. Die Kraft an der Zugprüfmaschine wird nach dem Anschließen der Klemmen auf Null kalibriert, damit der Einfluss der Anschlussklemmen auf den aufzunehmenden

Kraft-Dehnungs-Verlauf eliminiert wird. Der Messplatz mit dem Zugprüfgerät „Zwicki", der Infrarotkamera und der Energieversorgung ist stellvertretend für alle durchgeführten Prüfungen in der Abbildung 3.3 gezeigt.

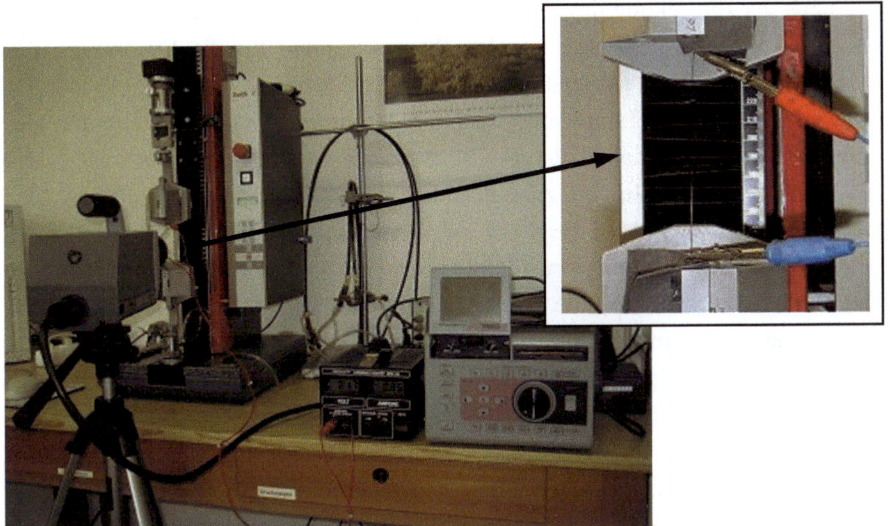

Abb. 3.3: Messplatz zur mechanischen Charakterisierung der FGL [22]

Um das Verhalten der FGL zu verstehen, ist es wichtig, den Einfluss der Temperatur auf die FGL zu kennen. Deshalb werden in Vorversuchen, mit Hilfe einer Infrarotkamera Model 760 IR Imaging Radiometer der Fa. Inframetrics, die Oberflächentemperaturen in Abhängigkeit von der jeweils angelegten Stromstärke aufgenommen. Es ist bekannt, dass mit zunehmender Stromstärke die Temperatur und nach dem Überschreiten von A_s die Kraft im FGL-Draht ansteigt. Die Bestimmung der Oberflächentemperatur gibt nicht die durch den Strom erzeugte Kerntemperatur wieder, liefert aber zumindest eine qualitative Aussage über den zu erwartenden Kraft-Temperatur-Zusammenhang. Ist der Draht vor dem Versuch verformt worden, wovon herstellungsbedingt auszugehen ist, so besitzt er bis zu einem gewissen Betrag eine pseudoplastische Dehnung. Diese wird mit zunehmender Temperatur zurückgebildet und der Draht erzeugt dadurch eine Zugkraft. Während des Vorversuchs sind die FGL-Drähte in der Zugprüfmaschine eingespannt. Dies ermöglicht, die von der FGL erzeugte Zugkraft in Abhängigkeit von der Stromstärke bzw. der Oberflächentemperatur aufzuzeichnen. Es ergeben sich somit die Zusammenhänge *Stromstärke – Temperatur* und *Stromstärke – Kraft* für alle FGL. Es werden jeweils definierte Stromwerte eingestellt und nach der Einstellung des stationären Betriebspunktes die Temperatur abgelesen. Auf der Grundlage des Vorversuchs werden die für die Erwärmung der Formgedächtnisdrähte notwendigen Stromstärken ermittelt. In der Abbildung 3.4 sind die Stromstärke-Temperatur- und die Stromstärke-Kraft-Verläufe für alle untersuchten FGL-Varianten dargestellt. Bei allen Legierungen ist zu sehen, dass zunächst die Temperatur bei zunehmender Stromstärke ansteigt und nach dem Überschreiten von A_s auch die durch die Formgedächtnisdrähte erzeugten Kräfte deutlich zunehmen. Ab einer bestimmten Stromstärke und damit hervorgerufener Temperatur nehmen die Kräfte wieder ab. Diese Temperatur muss zwischen TTR bzw. A_f und der Temperatur liegen, bei der die thermomechanische Behandlung (400° - 500° C) erfolgt. Ab welchen Temperaturen die Kräfte wieder abnehmen, ist bei den einzelnen Legierungen unterschiedlich.

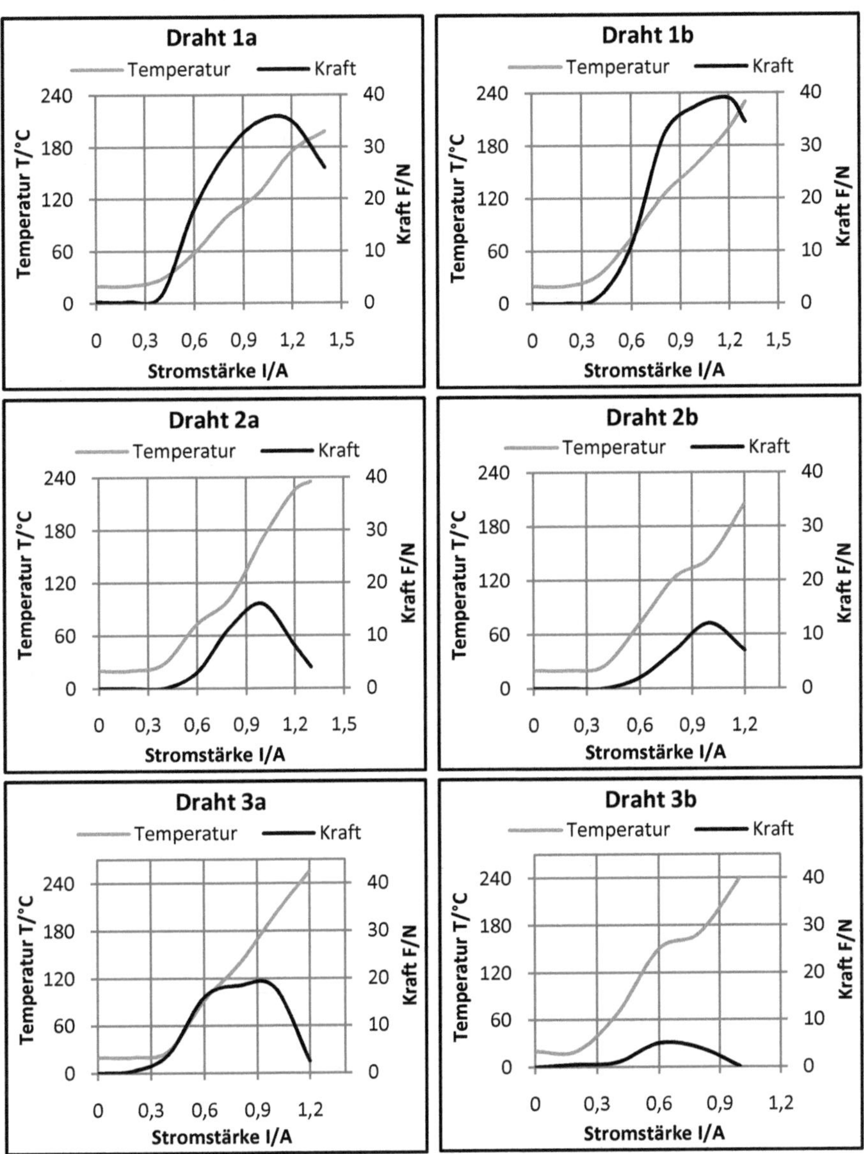

Abb. 3.4: **Abhängigkeit der Kraft und der Temperatur von der Stromstärke der untersuchten FGL [22]**

Die Tabelle 3-6 gibt die charakteristischen Parameter der gemessenen Kräfte für die einzelnen Legierungen bei der Umwandlungstemperatur und der maximalen Oberflächentemperatur an. Nach dem Überschreiten der maximalen Oberflächentemperatur gehen die Formgedächtniseigenschaften verloren.

Tabelle 3-6: Zusammenhänge zwischen Stromstärke, Temperatur und Kraft

Draht	1a	1b	2a	2b	3a	3b
I_{TTR} (theor), I/A	0,466	0,547	0,564	0,530	0,454	0,362
I_{TTR} (gem), I/A	0,660	0,665	0,825	0,740	0,670	0,500
TTR/°C	70	90	110	110	110	110
F_{TTR}/N	22,1	17,5	12,5	5,5	17,8	3,1
F_{max}/N	36,0	39,1	16,4	11,9	19,5	5,2
T_{Fmax}/°C	154	190	164	144	174	158
I_{Fmax}/A	1,10	1,15	1,05	1,00	0,90	0,70

Der Vergleich zwischen der theoretischen und der gemessenen Stromstärke für die Erwärmung der FGL auf TTR zeigt eine deutliche Differenz. Eine Ursache kann in dem Wärmeübergangskoeffizienten α liegen, der zu ungenau ist, oder dass neben der Konvektion noch eine Wärmestrahlung auftritt. Des Weiteren kann die gemessene Oberflächentemperatur von der Kerntemperatur des Drahtes abweichen, welche aber aufgrund des geringen Drahtdurchmessers eher klein ist.

Aus diesem Vorversuch werden die minimal und maximal anzulegenden Stromstärken für die folgenden Versuche festgelegt. Die Oberflächentemperatur T_{Fmax} darf dabei nicht überschritten werden, da angenommen wird, dass beim Überschreiten dieser Temperatur die FGL geschädigt werden. Als Stromgrenzen werden für die FGL der Gruppe 1 ➜ 1 A ≤ I ≤ 1,1 A und die der Gruppe 2 ➜ 0,9 A ≤ I ≤ 0,95 A bestimmt. Die FGL der Gruppe 3 zeigen ein sehr unterschiedliches Verhalten. Die Stromgrenzen werden für die Legierung 3a auf 0,8 A ≤ I ≤ 0,9 A und für die Legierung 3b auf 0,6 A ≤ I ≤ 0,7 A festgelegt.

Im nächsten Versuch „Egalisierung" wird an neuen Proben festgestellt, inwieweit die FGL durch den Herstellungsprozess vorgedehnt sind. Dazu werden die FGL mit den zuvor festgelegten Stromstärken bis über die TTR erwärmt und die sich einstellende Kraft wird aufgezeichnet. Die Zugprüfmaschine entspannt die Drähte, bis die Kraft auf null absinkt. Der dabei zurückgelegte Weg wird aufgezeichnet und in eine Dehnung umgerechnet. Die Kraft-Dehnungs-Verläufe der FGL sind in der Abbildung 3.5 dargestellt und die ermittelte Vorbelastung, infolge des Herstellungsprozesses in Kraft- und Dehnungswerten, ist der Tabelle 3-7 zu entnehmen.

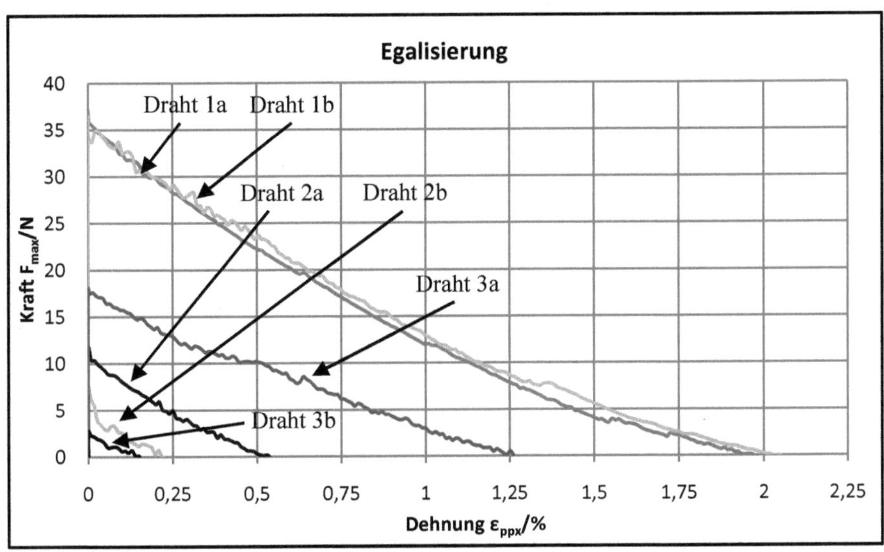

Abb. 3.5: Eingebrachte pseudoplastische Dehnung ε_{ppx} der FGL durch den Herstellungsprozess [22]

Tabelle 3-7: Kraft- und Dehnungswerte der ermittelten Vorbelastung

Draht	1a	1b	2a	2b	3a	3b
F_{max}/N	37,0	36,3	11,7	7,4	18,0	2,7
ε_{ppx}/%	1,97	2,06	0,54	0,22	1,26	0,15

Wie aus den Messwerten ersichtlich ist, sind die Formgedächtnisdrähte herstellungsbedingt unterschiedlich vorbelastet. Deutlich zu erkennen ist, dass die Drähte mit einer thermomechanischen Behandlung oder Wärmebehandlung

(Drähte 1a, 1b und 3a) im Vergleich mit den unbehandelten Legierungen eine sehr hohe pseudoplastische Dehnung aufweisen. Der Versuch „Egalisierung" und der folgende einfache Zugversuch zur Ermittlung der Höchstzugkraftdehnung ε_H bilden die Grundlage für die exakte Abschätzung der nutzbaren pseudoplastischen Dehnung der einzelnen FGL. Die Oberflächenbehandlung des polierten Drahtes 2b wirkt sich im Vergleich zum unbehandelten Draht 2a mindernd auf die eingebrachte pseudoplastische Dehnung aus (s. Abb. 3.5). Eine Aussage über den Einfluss des Drahtdurchmessers auf die Dehnung lässt sich aufgrund des unbekannten Herstellungsprozesses nicht treffen.

Bei dem einfachen Zugversuch werden für alle vorhandenen Legierungen am Zugprüfgerät die Kraft-Dehnungs-Verläufe bis zum Bruch aufgezeichnet. Ermittelt werden die Höchstzugkraft F_H, die Höchstzugkraftdehnung ε_H, die Bruchkraft F_B sowie die Bruchkraftdehnung ε_B. Die Prüfgeschwindigkeit beträgt 2 mm/min. Diese wird auf der Grundlage der Literatur festgelegt [64]. Die Abbildung 3.6 zeigt stellvertretend den einfachen Zugversuch an den Drähten 1a, 3a sowie 3b (für alle FGL siehe Anhang 1) und dient zur Begriffserklärung der Kennwerte für alle untersuchten FGL in Tabelle 3-8.

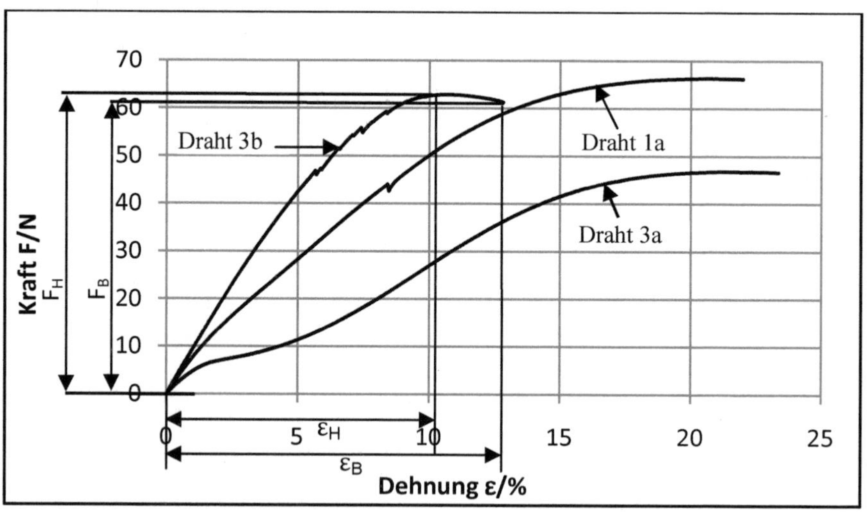

Abb. 3.6: Einfacher Zugversuch der FGL 1a, 3a und 3b

Tabelle 3-8: Ermittelte Kraft-Dehnungswerte der FGL im einfachen Zugversuch

Draht	1a	1b	2a	2b	3a	3b
F_H/N	66,51	71,26	89,74	95,80	46,55	62,83
ε_H/%	10,50	8,95	5,59	5,58	10,82	5,66
F_B/N	66,38	61,61	89,25	95,70	46,30	61,98
ε_B/%	11,03	9,05	6,3	5,73	11,86	6,41

Wie in der Abbildung 3.6 ersichtlich, weisen der thermomechanisch behandelte (1a) und der wärmebehandelte (3a) Draht ein anderes Kraft-Dehnungsverhalten auf, als der unbehandelte Draht (3b). Die Dehnungen der behandelten Drähte sind wesentlich höher als die Dehnungen der unbehandelten Drähte. Die Legierung 3a besitzt einen anderen Kraft-Dehnungs-Verlauf als alle anderen Drähte. Der Graph ist nicht stetig ansteigend, sondern weist ein Plateau auf, welches auf die Wärmebehandlung zurückzuführen ist. Aus den ermittelten Höchstzugkraftdehnungen ε_H und der zuvor ermittelten pseudoplastischen Dehnung ε_{ppx}, eingebracht durch den Herstellungsprozess, lässt sich die pseudoplastische Grenzdehnung $\varepsilon_{pp8\%}$ für jede FGL bestimmen, bis zu der sie vorgedehnt werden kann, ohne das sich eine Schädigung im Gefüge einstellt. Dabei wird angenommen, dass die Gesamtdehnung $\varepsilon_{100\%}$ des Drahtes die Summe aus der ermittelten Höchstzugkraftdehnung (maximale Dehnung bei der noch keine Querschnittseinschnürung auftritt) und der pseudoplastischen Dehnung $\varepsilon_{pp8\%}$ ist und 100% entspricht.

$$\varepsilon_H + \varepsilon_{ppx} = \varepsilon_{100\%}$$

ε_H — Höchstzugkraftdehnung, ε/%

ε_{ppx} — pseudoplastische Dehnung infolge Herstellung, ε/%

$\varepsilon_{100\%}$ — Gesamtdehnung, ε/%

(3.12)

Die Grenzdehnung von 8%, bis der die FGL ohne Gefügeveränderung belastet und die nach dem Erwärmen über A_f wieder vollständig beseitigt werden können, berechnet sich wie folgt:

$$\varepsilon_{pp8\%} = \varepsilon_{100\%} \cdot \frac{8\%}{100\%} \cdot$$

$\varepsilon_{pp8\%}$ — 8% Grenzdehnung, ε/%

(3.13)

Somit entspricht die Grenzdehnung der maximalen pseudoplastischen Dehnung (Tabelle 3-9) von 8% jeder Legierung unter Berücksichtigung des Herstellungsprozesses.

Als nächstes werden die FGL hinsichtlich ihres nutzbaren Formgedächtniseffektes untersucht. Die Drähte werden zum einen einer Egalisierung unterzogen und danach mit einer festgelegten Kraft von 15 N vorgedehnt sowie zum anderen ohne Egalisierung belastet. Diese Grenzkraft simuliert die durch den Garnherstellungsprozess und der Weiterverarbeitung des Garnes zu funktionalisierten Verstärkungshalbzeugen reale auftretende Belastung [65]. Die sich dadurch einstellende, bleibende plastische Dehnung ist für alle Drähte der Tabelle 3-9 zu entnehmen. Der Hystereseversuch ist beispielhaft für die FGL 1b und 3a in der Abbildung 3.7 gezeigt (für die restlichen FGL siehe Anhang 2). Nach der Entlastung von 15 N auf 0,2 N werden die Drähte, nach einer Haltezeit von 40 s, über TTR mittels elektrischen Stroms erwärmt und die sich einstellende Kraft F_{R15N} aufgezeichnet. Nun wird der Draht um den Betrag von 0,3% Dehnung entlastet. Diese Dehnung soll ein sich verformendes Bauteil simulieren, an das die Formgedächtnislegierung auf der Druckseite angebracht ist und sich somit nach der Verformung des Bauteils eine Verkürzung bzw. Entlastung des Drahtes einstellt. Im Anschluss wird der elektrische Strom abgeschaltet und der Draht entspannt sich durch Abkühlung selbst. Ab dieser Stelle beginnt die Hystereseprüfung. Der Draht wird um 0,3% gedehnt, der elektrische Strom wird angeschaltet und es stellt sich infolge der Erwärmung eine Kraft ein. Der Draht wird wieder um den Betrag von 0,3% entlastet und danach der elektrische Strom abgestellt. Der Belastungs-Entlastungs-Zyklus mit $\Delta\varepsilon = 0,3\%$ wird fünfmal mit einer Prüfgeschwindigkeit von 1 mm/min durchgeführt. Die in der Tabelle 3-9 aufgeführten Kennwerte beschreiben folgende Zustände:

- $\varepsilon_{100\%}$ - Gesamtdehnung des Formgedächtnisdrahtes,
- $\varepsilon_{pp8\%}$ - Grenzdehnung von 8% bezogen auf die Gesamtdehnung $\varepsilon_{100\%}$,
- ε_{pp15N} - eingebrachte pseudoplastische Dehnung nach einer Kraft von 15 N,
- ε_{pp} - resultierende pseudoplastische Dehnung in der FGL, nachdem die Dehnung ε_{pp15N} ins Verhältnis zur Grenzdehnung gesetzt ist.

Die Kraft F_{R15N} ist die erreichte Rückstellkraft bei ε_{pp} und einer Erwärmung über TTR.

Tabelle 3-9: Ermittelte Dehnungswerte und maximale Rückstellkraft der FGL im Hystereseversuch ohne Egalisierung

Draht	1a	1b	2a	2b	3a	3b
$\varepsilon_{100\%}/\%$	12,470	11,726	6,577	6,246	12,906	6,263
$\varepsilon_{pp8\%}/\%$	0,998	0,938	0,526	0,500	1,033	0,501
$\varepsilon_{pp15N}/\%$	0,344	0,550	0,062	0,061	2,933	0,053
$\varepsilon_{pp}/\%$	2,76	4,69	0,94	0,98	22,71	0,84
F_{R15N}/N	41,7	43,1	14,9	10,6	26,3	7,6

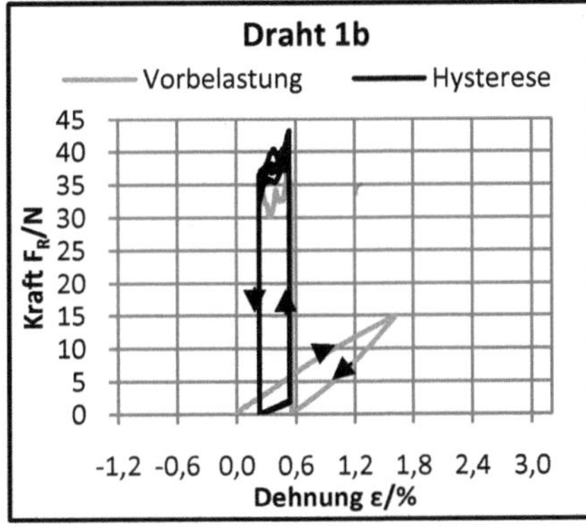

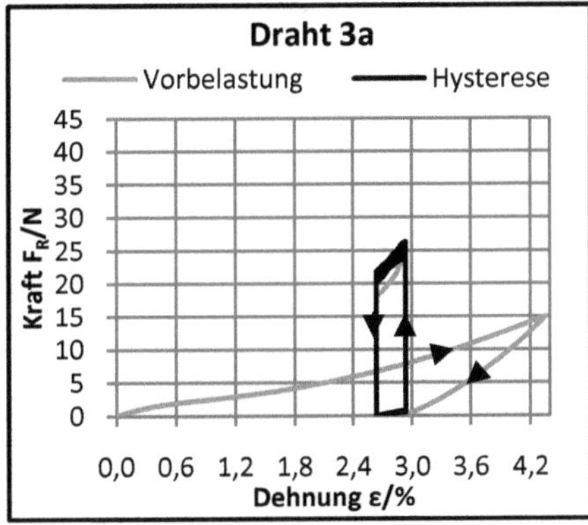

Abb. 3.7: Hystereseversuch der Drähte 1b und 3a ohne Egalisierung

Die Egalisierung der Drähte (siehe Anhang 3) hat kaum einen Einfluss auf die pseudoplastische Dehnung ε_{pp} bei einer Kraft von 15 N und ist deshalb hier nicht weiter aufgeführt. Die pseudoplastischen Dehnungen liegen bis auf den Draht 3a alle unter 8%. Um einen Vergleich zwischen den Legierungen zu ermöglichen, werden die Legierungen mit der konstanten Grenzkraft von 15 N definiert belastet. Die pseudoplastische Dehnung bei der Legierung 3a liegt über 8% und dient der Abschätzung inwieweit der Draht geschädigt wird, wenn die Dehnung diese Grenze überschreitet. Wenn die durch den Herstellungsprozess eingebrachten Dehnungen bei der Anwendung der Drähte berücksichtigt werden, lässt sich tendenziell kein

Einfluss der Egalisierung auf das Leistungspotenzial der FGL feststellen. Tatsache ist, dass die pseudoplastischen Dehnungen der thermo- bzw. wärmebehandelten Legierungen 1a, 1b und 3a höher sind als bei den unbehandelten Legierungen.

Nach der Simulation des Garnherstellungsprozesses und der Garnweiterverarbeitung durch eine Grenzkraft, wird als nächster Schritt der Einfluss des Konsolidierungsprozesses auf die Formgedächtniseigenschaften untersucht. Dabei werden die Formgedächtniseigenschaften der Drähte nach der Belastung von 15 N und anschließender Erwärmung über 220° C ermittelt. Diese Temperatur soll beispielhaft eine Konsolidierungstemperatur simulieren, die typisch bei duroplastischen und thermoplastischen Matrices auftreten kann. Sie ist deshalb auf 220° C festgelegt, weil die Temperaturen, bis zu denen ein Kraftanstieg bei den einzelnen FGL zu verzeichnen ist, in einem Bereich von 144 - 190° C (vergleiche Tabelle 3-5) liegen. Des Weiteren werden ab dieser Temperatur Thermoplaste für den technischen Einsatz interessant. Die Betrachtung hinsichtlich thermoplastischer Matrices erfolgt nur ergänzend zu den hier untersuchten duroplastischen Matrices. Nach den ersten Versuchen wird deutlich, dass die FGL bei einer Erwärmung über 220° C ihre Formgedächtniseigenschaften massiv verlieren. Dabei ändert sich das Gefüge der FGL-Drähte derartig, dass diese ihren spannungsärmsten Zustand einnehmen. Dabei sinkt die gemessene Kraft an der Zugprüfmaschine bei einigen FGL gegen Null (siehe beispielhaft Abbildung 3.8 bzw. Anhang 4). Außerdem wird beobachtet, dass bei den FGL, eingespannt in die Zugprüfmaschine, eine Längung auftritt.

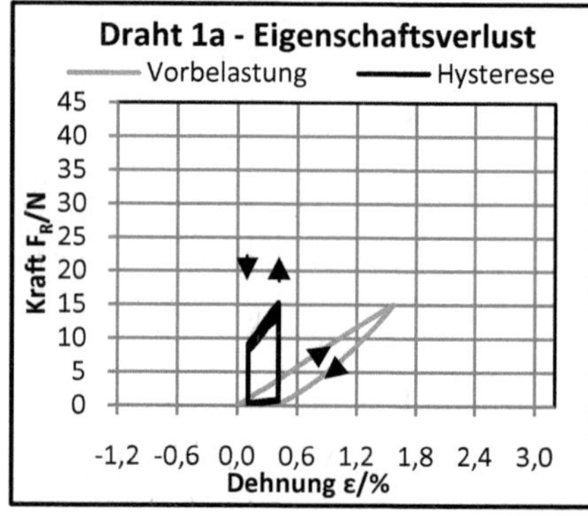

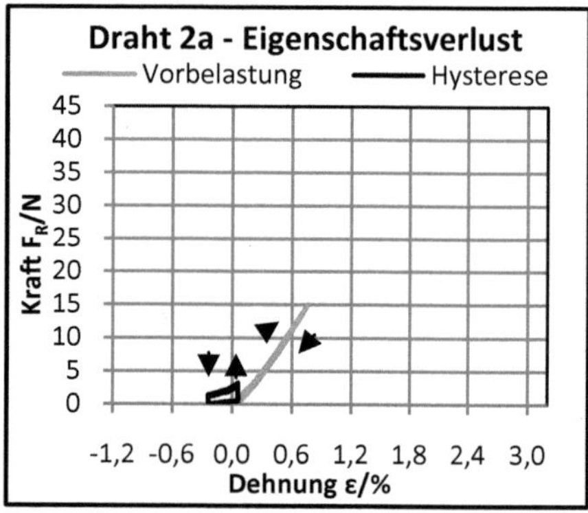

Abb. 3.8: Hystereseversuch der Drähte 1a und 2a nach Konsolidierung

Die Versuche werden nach der Erkenntnis des Eigenschaftsverlustes dadurch erweitert, dass eine Art „Training" der FGL nach der Erwärmung auf 220° C durchgeführt wird. Dies dient der Feststellung, ob es möglich ist, den FGL nach dem Verlust der Formgedächtniseigenschaften infolge zu hoher Wärmeeinwirkung den Formgedächtniseffekt wieder einzuprägen. Nach der Erwärmung auf 220° C werden die Drähte fünfmal mit einer Kraft von 5 N belastet. Diese Kraft resultiert aus einer Anfrage zu Trainingsmethoden von FGL an Memory-Metalle GmbH. Danach erfolgt unter der Belastung eine Erwärmung über M_s und eine Abkühlung unter M_f. Nun werden die Drähte entlastet und der Prozess beginnt von vorn. Anschließend werden die Drähte wieder, wie oben in den Hystereseversuchen beschrieben, zwischen konstanten Dehngrenzen untersucht. Die Kraft-Dehnungs-Verläufe sind in Abbildung 3.9 für alle Legierungen gezeigt.

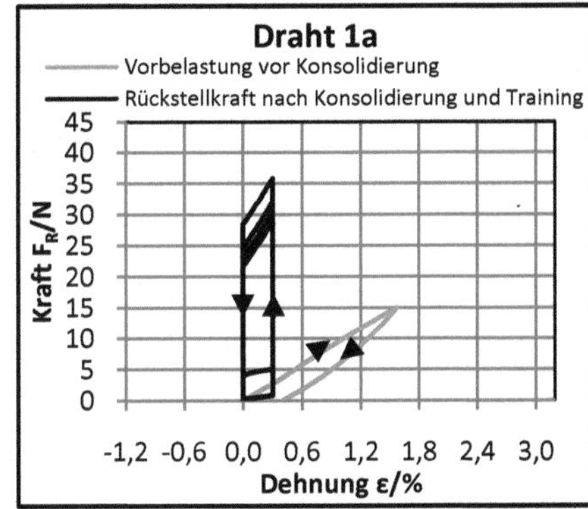

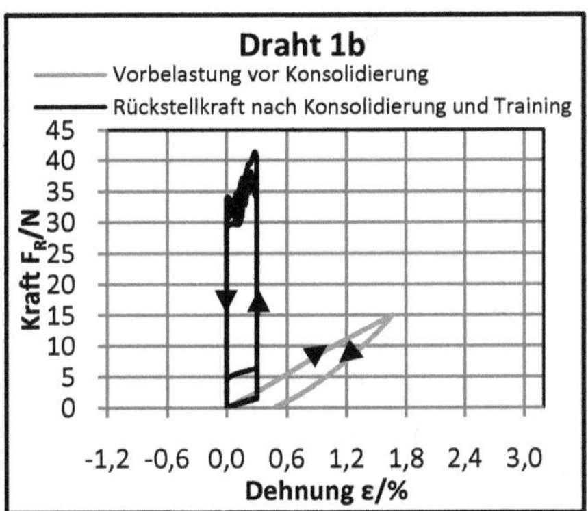

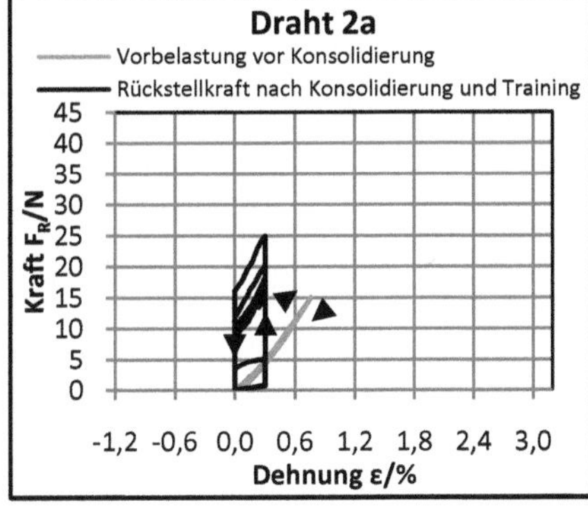

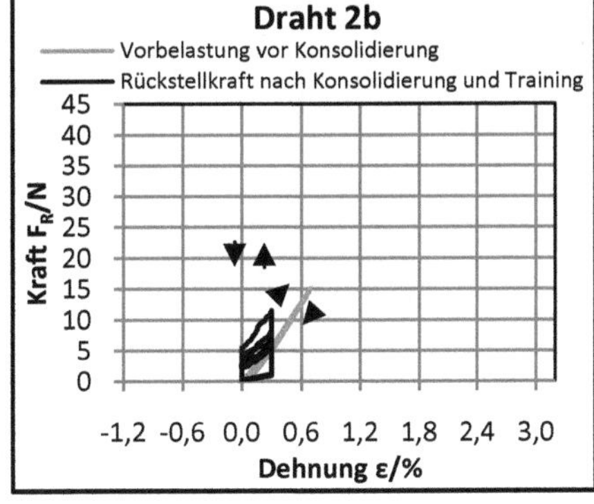

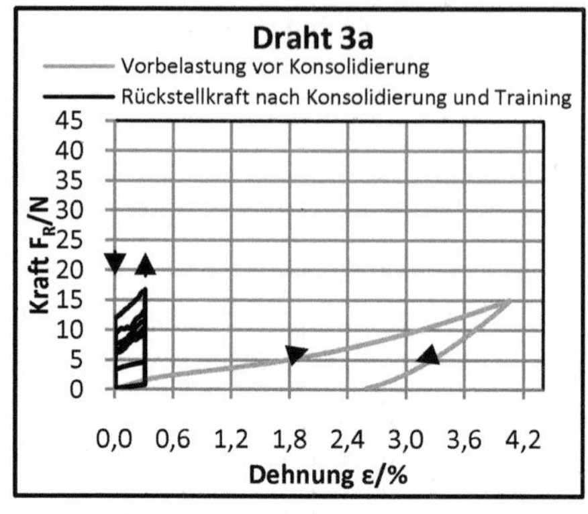

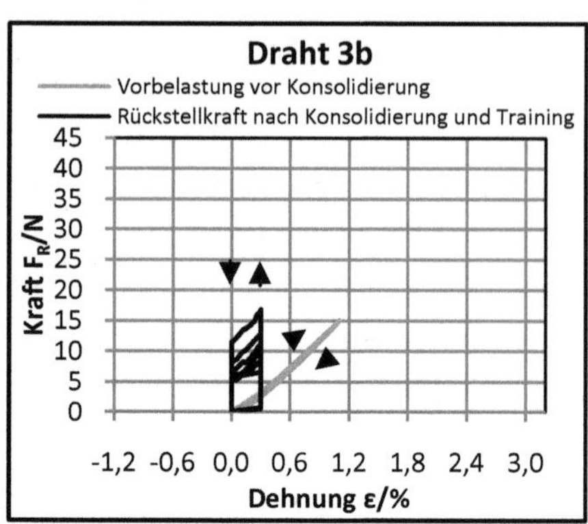

Abb. 3.9: Hystereseversuch der FGL nach Trainingszyklus

Im Vergleich zu den Kraft-Dehnungs-Verläufen ohne Training nach der Konsolidierung (Abb. 3.8 und Anhang 4) erhöht sich die Rückstellkraft mit anschließendem Training, wie in Tabelle 3-10 zu sehen, erheblich.

Tabelle 3-10: Rückstellkräfte nach Konsolidierungsversuch ohne und mit Trainingszyklen

Draht	1a	1b	2a	2b	3a	3b
$F_{R(o.T.)}$/N	15,28	29,71	3,17	1,39	3,98	1,23
$F_{R(m.T.)}$/N	35,79	41,30	24,87	11,51	16,69	16,84
Steigerung/%	134	39	684	728	319	1269

Festzustellen ist, dass es durch geeignete Trainingsmaßnahmen möglich ist, die Rückstellkräfte der FGL nach einer Schädigung durch zu hohe Temperatureinwirkung erheblich zu vergrößern. Ein Vergleich mit den Rückstellkräften bei einer Belastung mit 15 N ist nicht mehr möglich, da der Grad der Schädigung nicht bekannt ist und es erneut zu einer Belastung durch den Trainingsprozess kommt.

3.2.6 Diskussion der Untersuchungsergebnisse

Die Charakterisierung der FGL zeigt, dass die FGL mit einer thermomechanischen (Draht 1a und 1b) oder Wärmebehandlung (Draht 3a) ein höheres Leistungspotenzial hinsichtlich nutzbarer Rückstellkräfte, infolge eingebrachter pseudoplastischer Dehnung durch eine äußere Belastung, aufweisen. Eine Oberflächenbehandlung bei der Herstellung der Drähte wirkt sich dabei negativ auf die Formgedächtniseigenschaften aus (vgl. Draht 2a und 2b). Der schädigende Einfluss einer zu hohen Temperatur auf die Formgedächtniseigenschaften ist bei den thermomechanischen und wärmebehandelten Legierungen geringer als bei den unbehandelten Legierungen (vgl. Abbildung 3.8 und Anhang 4).

Weiterhin ist es möglich, den Verlust der Formgedächtniseigenschaften infolge zu hoher Temperatureinwirkung durch geeignete Trainingszyklen in weiten Bereichen rückgängig zu machen (siehe Tabelle 3-10). Dafür ist jedoch die gestreckte Lage und die freie Beweglichkeit der FGL im konsolidierten Verbundwerkstoff oder Bauteil eine unabdingbare Voraussetzung. Wenn dieses gewährleistet wird, ist die Restriktion, dass sich für eine Integration von FGL in Faserverbundwerkstoffen Verstärkungsmaterialien mit einem negativen Wärmeausdehnungskoeffizienten besser eignen [4], nicht mehr relevant. Der Tatsache, dass sich der Temperatur- und der Spannungsverlauf entlang der Formgedächtnisdrähte durch Inhomogenitäten im Werkstoff unterschiedlich ausbilden, wird zur Vermeidung einer partiellen Überhitzung der Drähte durch die maximale Erwärmung auf TTR entgegengewirkt.

Abschließend wird das Kraft-Verhalten in den Hysteresezyklen analysiert. Dabei wird sich auf die Auswertung der Drähte 1a, 1b, 2a und 3a durch ihr höheres Leistungspotential beschränkt. Die Kraft-Verläufe für alle Drähte sind in den Anhänge 5 und 6 gezeigt. In der Abbildung 3.10 sind die Kraft-Verläufe in den Hysteresezyklen der oben genannten Drähte dargestellt, die restlichen sind in der Anhang 5 zu sehen.

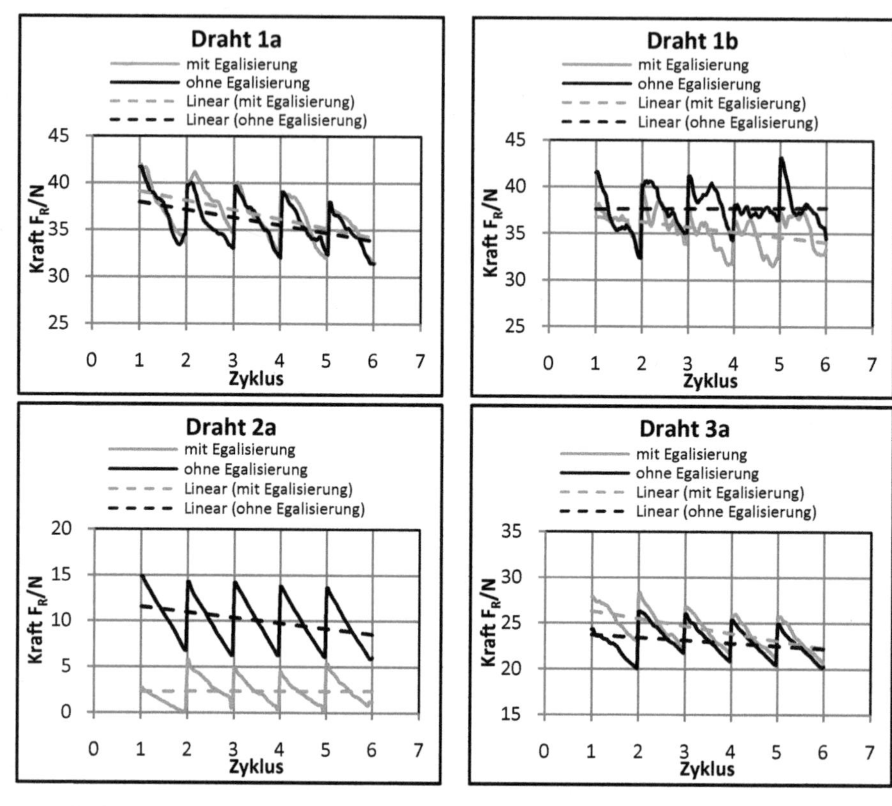

Abb. 3.10: Kraft-Verläufe der Drähte 1a, 1b, 2a und 3a in den Hysteresezyklen ohne und mit Egalisierung

Eine klare Tendenz zu positiven oder negativen Auswirkungen der Egalisierung lässt sich nicht ableiten. Lediglich ist der Verlauf der Trendlinien, welche den Mittelwert der Kraft in den einzelnen Zyklen wiedergibt, bei den Kraftverläufen ohne Egalisierung weniger stark abfallend als bei den Kraftverläufen mit Egalisierung, außer bei Draht 2a. Auffällig ist, dass die maximalen Kräfte in den Hysteresezyklen bei allen Drähten mehr oder weniger abnehmen. Da weder positive noch negative Aspekte aus einer Egalisierung der FGL entstehen, ist eine Egalisierung der Drähte für die Integration und den Einsatz in FVW nicht notwendig.

Die Abbildung 3.11 zeigt die Kraft-Verläufe der vier Drähte ohne Egalisierung sowie nach dem Versuch Konsolidierung und anschließendes Training der Drähte. Für die restlichen FGL siehe Anhang 6. Deutlich wird hier noch einmal der schädigende Einfluss des Konsolidierungsprozesses. Der Kraftabfall in den einzelnen Hysteresezyklen nach der Konsolidierung ist wesentlich größer als vor der Konsolidierung (Graph „ohne Egalisierung").

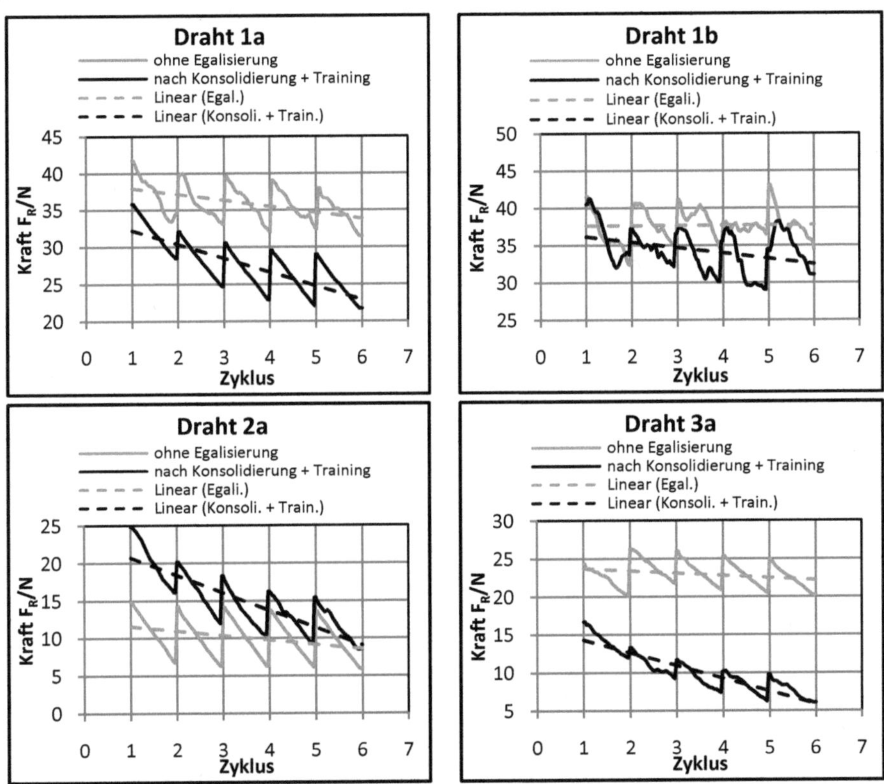

Abb. 3.11: Kraft-Verläufe der Drähte 1a, 1b, 2a und 3a in den Hysteresezyklen ohne Egalisierung sowie nach Konsolidierung und Training

Die Tabelle 3-11 zeigt den Vergleich der maximalen Rückstellkraft F_R vor und nach der Konsolidierung mit anschließenden Trainingszyklen. Zu erkennen ist, dass sich die Trainingszyklen nach der Konsolidierung bei den unbehandelten

FGL erhöhend auf die Rückstellkräfte auswirken. Die wärmebehandelte Legierung 3a zeigt den größten Kraftverlust, was zum einen auf die Behandlungsmethode und zum anderen auf die zu hohe pseudoplastische Dehnung von $\varepsilon_{pp} = 22{,}71\,\%$ zurückzuführen ist. Für die Behandlungsmethode als Ursache spricht, dass auch die thermomechanisch behandelten Legierungen einen Kraftverlust aufweisen. Eine eindeutige Aussage zu dem schädigenden Einfluss der zu hohen pseudoplastischen Dehnung bei der Legierung 3a lässt sich nicht treffen.

Tabelle 3-11: Rückstellkräfte vor und nach Konsolidierung mit Trainingszyklen

Draht	1a	1b	2a	2b	3a	3b
F_{R15N}/N	41,7	43,1	14,9	10,6	26,3	7,6
$F_{R(m.T.)}$/N	35,8	41,3	24,9	11,5	16,7	16,8
Änderung/%	-14,0	-4,2	+67,0	+8,5	-36,5	+121,0

Aus der Charakterisierung der FGL lassen sich die folgenden Schlussfolgerungen ziehen:

- Die thermomechanisch behandelten FGL eignen sich aufgrund ihrer ausgeprägten thermomechanischen Eigenschaften am besten für eine Integration in Faserverbundwerkstoffe.

- Ein signifikanter Unterschied zwischen den wärmebehandelten und den unbehandelten Legierungen hinsichtlich ihrer Eignung zur Integration in FVW ist nicht festzustellen.

- Eine Egalisierung der Drähte zur Kompensation der durch den Herstellungsprozess eingebrachten pseudoplastischen Dehnungen ist nicht notwendig. Bei dem Einsatz der FGL ohne Egalisierung muss aber die Höhe der im Draht eingeprägten pseudoplastischen Dehnung durch den Herstellungsprozess ermittelt und beachtet werden.

- Ein Konsolidierungsvorgang mit Wärmeeinwirkung deutlich über der TTR wirkt sich negativ auf die Formgedächtniseigenschaften der Legierungen aus.

- Die Abnahme oder sogar der Verlust der Formgedächtniseigenschaften kann durch geeignete Trainingszyklen teilweise rückgängig gemacht werden, was die gestreckte Lage und die freie Beweglichkeit der Drähte im FVW voraussetzt.

Aufgrund der stark begrenzten Verfügbarkeit der thermomechanisch behandelten Drähte 1a und 1b werden die weiteren Untersuchungen zur Verarbeitung der Drähte zu Hybridgarnen und die Integration dieser Hybridgarne in textilverstärkte Verbundwerkstoffe an den Legierungen 2a und 3a durchgeführt. Dabei werden die FGL-Hybridgarne zusammen mit textilen Verstärkungsstrukturen mit einer duroplastischen Matrix benetzt, wobei nach dem Ablauf eines Konsolidierungsvorganges ein Verbundwerkstoff entsteht. Die Matrix hat im herkömmlichen Sinne die Aufgabe der Fixierung und Lagesicherung der Verstärkungsfasern und der Übertragung von Scherkräften auf die Verstärkungsfasern. Des Weiteren dienen sie dem Schutz der Verstärkungsfasern vor mechanischer Beschädigung und sonstigen schädigenden Umwelteinflüssen. Dies gilt gleichermaßen bei der Integration von Formgedächtnislegierungen in den Verbundwerkstoff. Dabei entsteht die von den FGL-Drähten ausgeübte Kraftwirkung durch die positive bzw. negative Dehnung aufgrund der Temperatureinwirkung. Damit sich die FGL-Drähte frei von Haftungskräften bewegen und somit die Kraftwirkung optimal ausüben können, dürfen sie innerhalb der Verbundstruktur nicht mit der Matrix in Berührung kommen. Allerdings ist die Haftung der Formgedächtnisdrähte mit der Matrix am Rand der Verbundstruktur notwendig, um die für die Verformung notwendige Kraft in den FVW einzuleiten [66, 67].

4 Entwicklung von Garnstrukturen für die Funktionsgewährleistung im FVW

Die Entwicklung der Hybridgarne konzentriert sich auf die Realisierung einer vollständigen Abdeckung der FGL durch Verstärkungsfasern, auf eine freie Beweglichkeit der FGL zwischen den Stellen der Krafteinleitung in die Verbundstruktur und auf die gute Verarbeitbarkeit dieser FGL-Hybridgarne in textile Verstärkungsstrukturen. Durch die erfolgreiche Herstellung der FGL-Hybridgarne wird ein fadenförmiges Halbzeug bereitgestellt, welches sich für die Integration in textile Verstärkungsstrukturen und für die Funktionalisierung von FVW eignet. Durch diese besondere Vorgehensweise bei der Verarbeitung von Formgedächtnisdrähten in FVW und der Möglichkeit das Verstärkungsfasermaterial als Schutzmantel verarbeiten zu können, kann die Integration der Drähte unabhängig vom Kraft-Dehnungs-Verhalten des Faserverbundwerkstoffes erfolgen.

4.1 Analyse und Bewertung der Hybridgarn-Herstellungsverfahren

Der Kontakt des Formgedächtnisdrahtes mit der Matrix innerhalb der Verbundstruktur ist für die optimale Ausnutzung des Formgedächtniseffektes unbedingt zu vermeiden. In den Krafteinleitungsstellen hingegen, ist der Kontakt zwischen Draht und Matrix für die Krafteinleitung erforderlich. Hinsichtlich der Garnentwicklung bedeutet das, dass eine geeignete Hybridgarnstruktur bei der Verwendung von Formgedächtnisdrähten zum einen eine ausreichende Mantelaufschiebefestigkeit aufweist, um den textilen Flächenbildungsprozess ohne Schädigungen zu überstehen, der Mantel aber so um die FGL angeordnet ist, dass er die Bewegung des Formgedächtnisdrahtes nur minimal beeinflusst. Zum anderen muss der Mantel sehr kompakt sein, um den Kern vor dem Kontakt mit der Matrix auch nach der textiltechnologischen Verarbeitung der Hybridgarne zu schützen. Deshalb konzentrieren sich die Arbeiten auf die Entwicklung eines geeigneten Mantelaufbaus, der unabhängig von der Viskosität der Matrix die FGL vor dem Kontakt mit der Matrix schützen soll und der auch nach der textilen Weiterverarbeitung seine Funktion erfüllt. Die Möglichkeit nach der textilen Integration durch partielles Auflösen der Mantelstruktur definiert Krafteinleitungsstellen zu erzeugen, ist ebenfalls Gegenstand der Untersuchungen. Abschließend wird durch die Bestimmung der Reibkräfte zwischen Kern und Mantel im Verbund der Verlust an der für eine Verformung notwendigen Kraft festgestellt.

4.1.1   Lufttexturieren

Auf der Lufttexturiermaschine vom Typ RMT-D, Fa. Stähle (s. Abbildung 4.1) können zwei oder mehrere Ausgangsfilamentgarne in einer Luftdüse gleichzeitig verarbeitet werden. Das Lufttexturieren ist u. a. für die Herstellung von Mehrkomponenten- bzw. Hybridgarnen geeignet. Die einzelnen Filamentgarne werden mit unterschiedlichen Geschwindigkeiten in die Luftdüse geliefert. Dort findet eine Öffnung und anschließende Neuverteilung bzw. Mischung der Filamente mittels Luftdruck statt. Es erfolgt eine Verflechtung der beiden Komponenten und eine stabile Schlingenstruktur, die die spätere Garnstruktur bildet, entsteht.

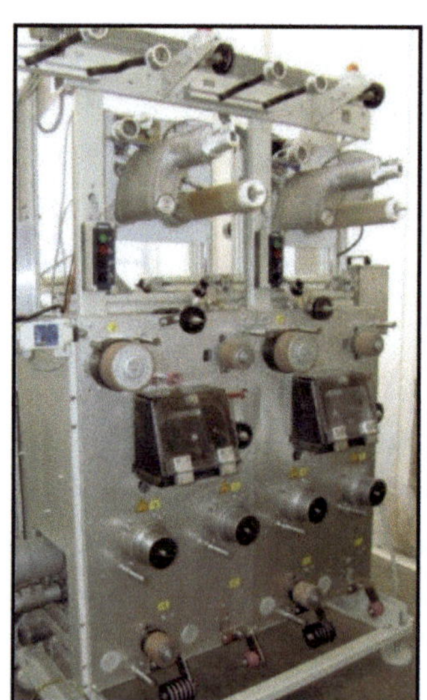

Abb. 4.1: Lufttexturiermaschine vom Typ RMT-D, Fa. Stähle

Die beim Lufttexturieren hergestellten Hybridgarne besitzen eine flexible Faden-
struktur und eine deutlich geringere Biegesteifigkeit als z. B. ein OE-
Friktionsspinngarn [50]. Für eine gute Einbindung des Formgedächtnisdrahts ins
Hybridgarn werden mehrere Glasfaser(GF)-Filamentgarne zugeführt. In einem
ersten Versuch werden drei GF-Filamentgarne mit einer Feinheit von je 320 tex
zusammen mit einem Stahldraht, der zu der generellen Machbarkeitsuntersu-
chung statt der FGL verwendet wird, der Texturiereinheit zugeführt. Der Stahldraht ist ein Weblitzendraht mit einem geringfügig kleineren Durchmesser von
d = 0,25 mm als dem der FGL von d = 0,259 mm. Als Verwirbelungsdüse wird
für diesen Versuch eine TEMCO-Düse LD5.05. verwendet. Der verwendete
Luftdruck beträgt 5 bar. Die Abzugsgeschwindigkeit des hergestellten Hybridgarns sowie die Zuführgeschwindigkeit des Formgedächtnisdrahts sind
100 m/min. Das Überlieferungsverhältnis, Verhältnis von Zuführ zur Abzugsgeschwindigkeit, des Formgedächtnisdrahts entspricht demzufolge 0%. Die GF-
Filamentgarne werden mit einer Überlieferung von 2% verarbeitet, welches eine
Zuführgeschwindigkeit von 102 m/min bedeutet. Bei diesem ersten Versuch wird
der Draht wahllos im Hybridgarn abgelegt, jedoch gut von den GF-Filamenten
eingebunden und umhüllt. An einigen Stellen ist die Umhüllung aber durch
offene Bereiche unterbrochen. Eine Erhöhung der Überlieferungsverhältnisse
führt zwar zu einer besseren Verwirbelung der GF-Filamentgarne, allerdings
findet keine konstante und reproduzierbare Einbindung des FGL-Drahtes in das
Hybridgarn statt. Wie in Abbildung 4.2 zu sehen, liegen große Drahtabschnitte
frei an der Oberfläche und es kommt bei der Konsolidierung zu einem Kontakt
mit der Matrix.

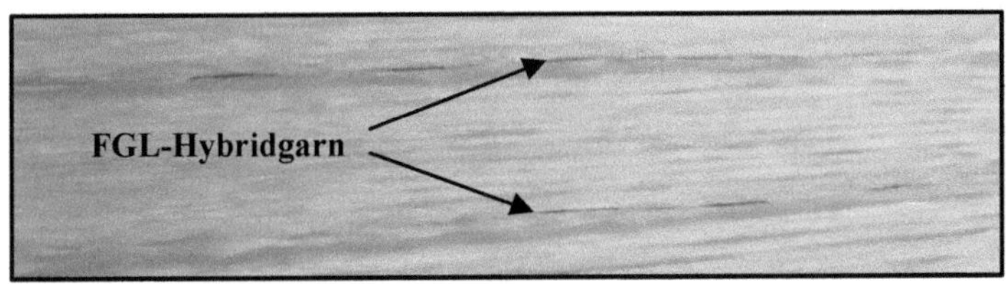

Abb. 4.2: Texturierte FGL-Hybridgarne in einer UD-Wickelstruktur

Ein weiterer Versuch für die Herstellung eines Draht/GF-Hybridgarns wird mit
3 x 600 tex GF-Filamentgarnen durchgeführt. Für die Verarbeitung dieser hohen

Fadenfeinheiten wird eine andere Luftverwirbelungsdüse vom Typ TEMCO LD5.07. verwendet. Die Maschinen und Prozessparameter (Überlieferungsverhältnisse, Zuführgeschwindigkeiten, Luftdruck, Fadenführung, usw.) werden vom ersten Versuch übernommen. Bei der Verarbeitung von 3 x 600 tex GF-Garnen findet keine Bildung eines Hybridgarns statt. Da die Verwirbelung der zugeführten GF-Filamentgarne unzureichend ist, kommt es zu keiner Einbindung des Drahts. Aufgrund dieser nicht zufriedenstellenden Ergebnisse wird eine FGL-Hybridgarnherstellung über die Lufttexturierung nicht weiter verfolgt.

4.1.2   Zwirnen

Im Allgemeinen werden beim Zwirnen zwei oder mehrere Garne zur Verbesserung ihrer Eigenschaften (Aussehen, Festigkeit) zu einem Zwirn zusammengedreht. Das Zwirnen ist ein Veredelungsprozess, welcher durch die Verwendung und die Kombination verschiedener Parameter (z. B. Garnfeinheit, Materialien, Farben, Garndrehungen, angewandter Fertigungsprozess) zu unterschiedlichen Zwirnstrukturen führt. Beim Zwirnen können Stapel- oder Filamentfasergarne miteinander verdreht werden. Bei diesem Prozess wird keine innige Durchmischung der zugeführten Garne erzeugt, es erfolgt in der Regel eine side-by-side-Anordnung der zugeführten Garnkomponenten. Das Zwirnen ist somit auch eine Verfahrensvariante für die Hybridgarnherstellung. Bei der am ITM vorhandenen Zwirnmaschine vom Typ DirecTwist®–2a der Firma AGTEKS Ltd. (s. Abbildung 4.3) können einstufige und mehrstufige Zwirne hergestellt werden. Während des Zwirnens wird das äußere Garn um das innere in der eingestellten Drehrichtung herum gewunden. Der Zwirnprozess kann dabei so gestaltet werden, dass das innere Garn dabei keine Drehung erhält. Je nach eingestellten Garndrehungen pro Meter (D/m) wird das Kerngarn dichter von dem äußeren Garn umschlungen.

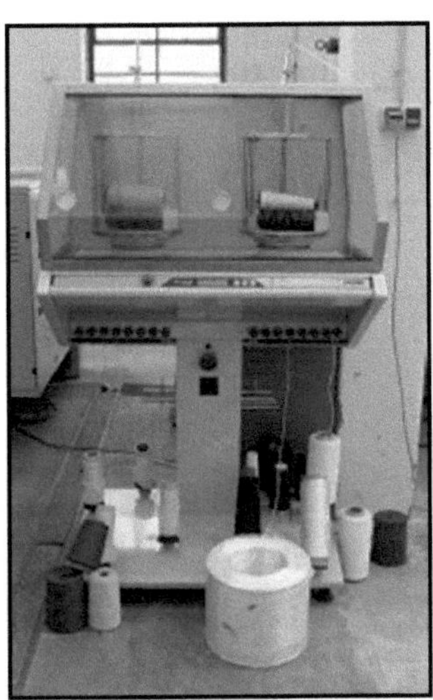

Abb. 4.3: Zwirnmaschine vom Typ DirecTwist®-2a, Fa. AGTEKS Ltd.

Das Ziel ist es, einen ein- oder mehrstufigen Zwirn mit vollständiger Kernabdeckung, wie in der Abbildung 4.4 gezeigt, herzustellen.

Abb. 4.4: Zweistufiger Zwirn [68]

Wie bei der Lufttexturierung werden auch hier die Versuche zuerst mit einem Stahldraht durchgeführt. Der Stahldraht wird der Zwirnmaschine so zugeführt, dass er das innere Garn (Kern) darstellt, um den ein GF-Filamentgarn 300 tex (äußeres Garn) herum gewunden wird. In der ersten Stufe weist der Zwirn eine Z-Drehung mit 200 Garndrehungen pro Meter auf. Die Zuführung des Drahtes wird dabei so ausgeführt, dass er wenig bis gar nicht gedreht wird. Der Draht liegt jedoch nicht straff im Zwirn und wird aufgrund des gewundenen „äußeren" Garns stark druckbelastet. Das außenliegende GF-Filamentgarn wird durch seine Drehung so stark beansprucht, das massive Filamentbrüche entstehen (s. Abbildung 4.5). Die Zuführung von mehreren Glas-Filamentgarnen mit einer Feinheit von 300 tex ist bei dieser Zwirnmaschine aufgrund des konstruktiven Aufbaus des Abzugs nicht möglich. Der auf Reibschluss arbeitende Abzug ist für große Fadenfeinheiten nicht ausgelegt.

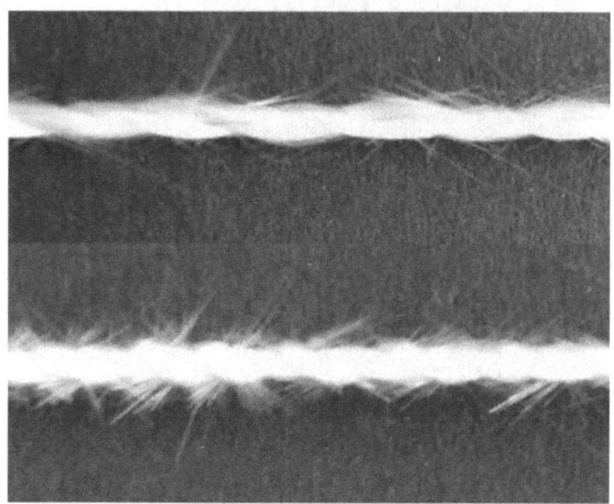

Abb. 4.5: Glasfilamentschädigung bei der Zwirnherstellung

In einem weiteren Versuch wird ein Zwirn mit 300 Garndrehungen pro Meter hergestellt. Dabei zeigen sich Nachteile der verwendeten Zwirnmaschine. Die Höhe der Garndrehungen ist abhängig von der Maschinendrehzahl. Somit nimmt mit steigenden Garndrehungen die Maschinendrehzahl zu und die Belastung auf die zugeführten Garne steigt an. Nach der Zwirnherstellung im zweiten Versuch ist der Stahldraht im innenliegenden Hybridgarn, nach dem Entfernen der Glasfilamentgarne, sehr gewellt (s. Abbildung 4.6). Das außenliegende GF-Garn weist des Weiteren aufgrund der höheren Garndrehungen pro Meter mehr Filamentbrüche als im ersten Versuch auf (s. Abbildung 4.5). Die hohe Drehung des GF-Filamentgarns würde demzufolge auch den Formgedächtnisdraht schädigen. Im Allgemeinen entsteht ein unregelmäßiges Drehungsbild des Zwirns. Durch die Kopplung von Garndrehungen pro Meter und der Maschinendrehzahl wird der dritte Versuch mit 600 Garndrehungen pro Meter abgebrochen. Aufgrund der hohen Feinheit des GF-Garns entstehen zu hohe Belastungen an den Maschinenteilen.

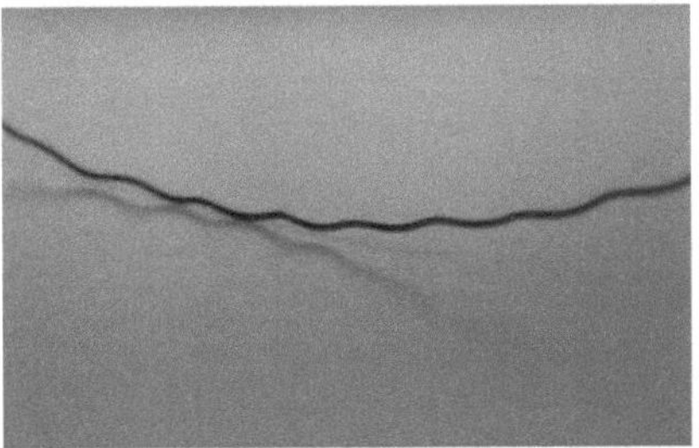

Abb. 4.6: Kernschädigung bei der Zwirnherstellung

Schlussfolgernd ist diese Maschine aufgrund ihrer technologischen Grenzen für das Zwirnen zur Ummantelung des Draht/GF-Hybridgarns mit einem GF-Filamentgarn nicht geeignet. Der innenliegende Faden/Draht kann nur bei sehr hoher Drehung des Zwirns vollständig mit dem GF-Filamentgarn ummantelt werden. Die dadurch sehr hohe Fadenspannung des Glasfilamentgarnes führt zur Schädigung der Glasfilamente und zu starker Druckbelastung des Stahldrahtes. Durch die entstehenden Druckkräfte wird der Draht verformt, wodurch er nicht mehr gestreckt im Kern vorliegt, was zur Einschränkung der Beweglichkeit im späteren FVW führt. Da es nicht möglich ist, einen einstufigen Zwirn mit einer zufriedenstellenden Kernabdeckung und geringer Schädigung des Kernmaterials herzustellen, wird auch die Fertigung eines zweistufigen Zwirnes nicht weiter verfolgt. Aufgrund der Ergebnisse, kommt für die FGL-Hybridgarnherstellung das Zwirnen nicht in Betracht.

4.1.3 OE-Friktionsspinnen

An der OE-Friktionsspinnmaschine können vor allem Fasern mit mittlerer bis grober Faserfeinheit nach einem mechanisch-aerodynamischen Spinnprinzip verarbeitet werden. Das hergestellte Garn weist eine Kern-Mantel-Struktur auf [69]. Die Arbeitsstelle der OE-Friktionsspinnmaschine ist in der Abbildung 4.7 dargestellt.

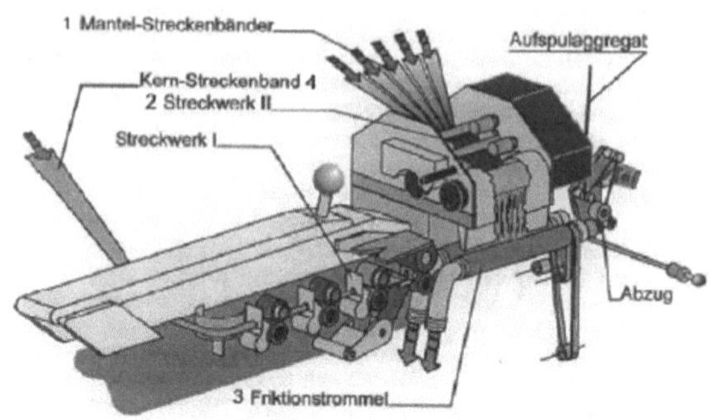

Abb. 4.7: Aufbau einer OE-Friktionsspinnanlage [70]

Die Auflösewalze mit dem vorgeschalteten Streckwerk II (2) wird mit mindestens einem Mantelfaser-Streckenband (1) gespeist. Die Fasern werden nach dem Auflösen bis zur Einzelfaser zwischen die zwei Friktionstrommeln (3) bzw. Friktionswalzen geführt. Gleichzeitig läuft ein Kern-Streckenband oder ein Kern-Filamentgarn (4) in den Zwickel der Friktionstrommeln ein. Es werden die vereinzelten Spinnfasern durch den Unterdruck der perforierten Friktionstrommeln und auf Grund der Reibung zur Bildung eines Mantels um das Kern-Filamentgarn gewunden. Es entsteht eine Kern-Mantel-Struktur ohne innige Mischung. Ein Nachteil des Verfahrens ist die Schädigung des Kern-Filamentgarns in Abhängigkeit des verarbeiteten Materials. Diese entsteht aufgrund des Verfahrensprinzips der zwei mit gleicher Drehrichtung umlaufenden Friktionstrommeln, was eine Falschdrehung des Kernmaterials zur Folge hat. Außerdem wird das Kernmaterial durch den Stapelfasermantel stark druckbelastet. Für eine Mantelstruktur mit einer hohen Festigkeit ist dies unvermeidbar [70].

Mit DREF®-OE-Friktionsspinnmaschinen werden Spezial-Garne für die verschiedensten Anwendungsbereiche wie Faserverbundwerkstoffe, schnittfeste Materialien, Schutzbekleidung, Filterpatronen für Flüssigfiltration usw. entwickelt und hergestellt [71-74]. Dabei werden bis heute nur duktile Faserstoffe als Mantelfasern eingesetzt. Aus Untersuchungen ist bekannt, dass sich spröde Faserstoffe, wie Glasfasern oder Carbon, sehr schlecht als Stapelfasern verarbeiten lassen. Stapelfasern sind jedoch für die Ausbildung des Mantels beim OE-Friktionsspinnen unbedingt erforderlich [75]. Nach einer Anpassung der OE-

Friktionsspinnmaschine ist es möglich, Glasstapelfaservorgarne verarbeiten zu können. Dazu wird der Tambour mit einer universalen Sägezahngarnitur für Chemie- und Naturfasern gegen einen Tambour mit einer Spezial-Sägezahngarnitur ausgetauscht. Diese Spezial-Garnitur ist für die Verarbeitung von Aramidfasern bestimmt und weist eine Sägezahnstellung von -10° auf. Laut Hersteller Oerlikon Schlafhorst GmbH & Co. ist es möglich, mit dieser Garnitur auch Glasfasern verarbeiten zu können.

Für die vollständige Ummantelung der FGL mit Verstärkungsfasern wird aufgrund der Ergebnisse beim Lufttexturieren und Zwirnen sowie durch die erfolgreiche Modifikation der OE-Friktionsspinnmaschine dieses Garnherstellungsverfahren für die Entwicklung und Fertigung der FGL-Hybridgarne angewendet.

4.2 Experimentelle Voruntersuchung zur Verarbeitung von Glasfasern auf der OE-Friktionsspinnmaschine

Es werden für die experimentellen Untersuchungen Glasstapelfaser-Vorgarne UniTex^{TM} von der Firma Johns Manville Sales GmbH verarbeitet, die als Spinnrovings vorliegen. Es stehen mehrere Spinnrovings zur Verfügung, die in zwei Gruppen eingeteilt werden können und mit I und II bezeichnet sind. Die beiden Varianten unterscheiden sich im Öffnungsgrad der Spinnrovings, welcher durch die Veränderung des Herstellungsprozesses variiert wird. Zur Eigenschaftsermittlung der Glasfasern werden zuerst die Feinheiten ermittelt, die zur Berechnung der feinheitsbezogenen Höchstzugkraft notwendig sind. Vor Beginn der Prüfverfahren werden die Faserbänder mindestens 24 Stunden im Normklima nach DIN 53802 bei 20° C und 65% Luftfeuchte konditioniert. Für die Bestimmung der Einzelfaserfeinheit wird das Schwingungsverfahren (Vibroskop-Verfahren) am Vibromat ME Textechno nach der Norm DIN EN ISO 1973 eingesetzt. Es werden 50 Einzelmessungen durchgeführt und der Mittelwert angegeben. Zur Ermittlung des Kraft-Dehnungsverhaltens werden die Zugversuche am Fafegraph ME Textechno nach der Norm DIN EN ISO 5079 durchgeführt. Es wird bei allen Mittelwerten in diesem Kapitel der 95-% Vertrauensbereich angegeben. Die Tabelle 4-1 gibt die textilphysikalischen Eigenschaften der Glasfasern wieder.

Tabelle 4-1: Textilphysikalische Eigenschaften der Spinnrovings [75]

Spinnroving	I	II
Faserbandfeinheit, Tt/ktex	1,9	2,3
Mittlere Faserfeinheit, Tt/dtex	2,21 ±0,34	2,35 ±0,64
feinheitsbezogene Höchstzugkraft, Fh/cN·tex^{-1}	6,15 ±0,6	5,16 ±0,55
Höchstzugkraftdehnung, ε/%	3,5 ±0,38	2,9 ±0,3

Die Faserlänge liegt in einem Bereich zwischen 150-220 mm. Die exakte Faserlänge konnte nicht bestimmt werden, da aufgrund von hohen Adhäsionskräften zwischen den Fasern und da die Fasern im Spinnroving miteinander verdreht sind, nicht mit Sicherheit gesagt werden kann, dass die Fasern nach dem Herausziehen aus dem Faserverband ihre Ursprungslänge besitzen. Die spröden Fasern brechen sehr schnell und durch die Verflechtung mit anderen Fasern bleiben Faserenden im Verband.

Ziel der Voruntersuchungen ist es, den Einfluss der Spinnparameter auf die GF-Faserlänge und die Mantelmasse festzustellen. Da durch die hohe Faserlänge die Glasfasern eigentlich nicht auf der DREF®-OE-Friktionsspinnmaschine verarbeitet werden können, soll untersucht werden, ob durch eine geeignete Tambourdrehzahl und Faserbandzuführgeschwindigkeit die GF-Faserlänge auf eine verspinnbare Faserlänge verkürzt werden kann. Als Kernmaterial wird für die Voruntersuchungen ein Kupferdraht mit einem Durchmesser von d = 0,25 mm eingesetzt, um die empfindlichen Oberflächen der Spinntrommeln und die Fadenleitelemente zu schonen. Aufgrund von Fadenzugkraftschwankungen, verursacht durch die Drahtabwicklung und die OE-Friktionsgarnaufwicklung, kommt es zeitweise zu einem Kontakt zwischen dem Draht als Kernmaterial und den Spinntrommeln.

In den Vorversuchen werden die Spinnparameter Öffnerwalzen- und Zentralabsaugungsdrehzahl sowie die Abzugsgeschwindigkeit variiert. Die Spinntrommeldrehzahl wird in den Vorversuchen nicht variiert, da sie einen sehr großen Einfluss auf die Mantelfestigkeit hat und das in den nachfolgenden Versuchen untersucht werden soll. Als erstes wird die Öffnerwalzendrehzahl als Haupteinflussgröße auf die Faserlänge variiert. Die Tabelle 4-2 gibt die festen Spinnparameter und die Abbildung 4.8 die Faserlänge und die längenspezifische Mantelmasse in Abhängigkeit zu dem untersuchten Spinnparameter Öffnerwalzendrehzahl an.

Tabelle 4-2: Feste Spinnparameter bei der Variation der Öffnerwalzendrehzahl [75]

Kernmaterial	Anzahl der Faserbänder	eingestellte Mantelfeinheit, Tt/tex	Spinntrommeldrehzahl, n/min^{-1}	Abzugsgeschwindigkeit, $v/\text{m·min}^{-1}$	Zentralabsaugungsdrehzahl, n/min^{-1}
Kupferdraht	2	300	1 500	50	3 000

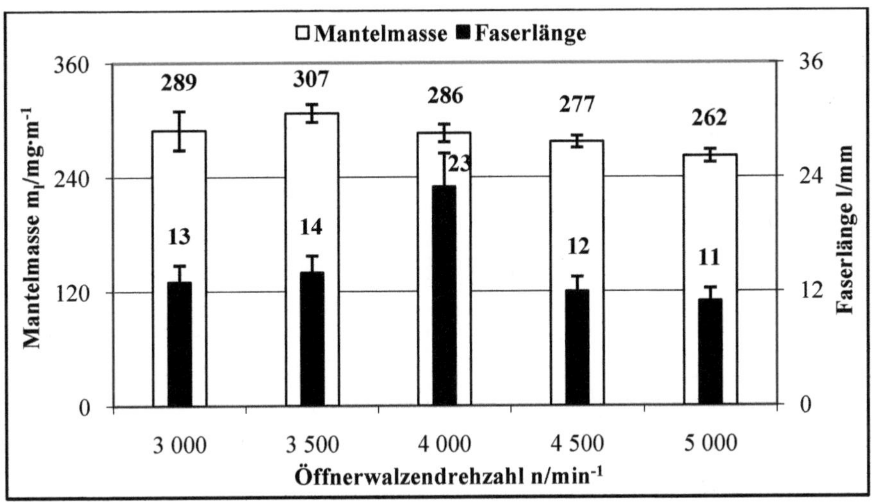

Abb. 4.8: Längenspezifische Mantelmasse und Faserlänge bei Variation der Öffnerwalzendrehzahl [75]

Bei der Variante mit einer Öffnerwalzendrehzahl von 3 000 min^{-1} wickelt sich das Faserband nach wenigen Minuten um den Tambour. Eine reproduzierbare Garnherstellung ist somit nicht möglich. Bei dieser Öffnerwalzendrehzahl lagern sich mit der Zeit immer mehr Glasfasern am Tambourdeckel ab, die nach einiger Zeit vom Tambour wieder mitgerissen werden. Die Garnvariante mit einer Öffnerwalzendrehzahl von 4 000 min^{-1} weist mit 23 mm die längsten Glasfasern im Mantel auf, der Vertrauensbereich der Faserlängenwerte ist hier allerdings auch am größten. Des Weiteren weist diese Variante den größten Bereich im Histogramm der Faserlängenverteilung auf.

Da sich bei der Öffnerwalzendrehzahl von 3 500 min⁻¹ keine Glasfasern an dem Tambourdeckel ablagern und der Spinnprozess bei dieser Drehzahl sehr sicher läuft sowie die Mantelfeinheit am größten ist, werden die weiteren Vorversuche mit dieser Geschwindigkeit durchgeführt. Die Tabelle 4-3 gibt die festen Spinnparameter und die Abbildung 4.9 die Faserlänge und die längenspezifische Mantelmasse in Abhängigkeit von dem untersuchten Spinnparameter Zentralabsaugungsdrehzahl an.

Tabelle 4-3: Feste Spinnparameter bei der Variation der Zentralabsaugungsdrehzahl [75]

Kernmaterial	Anzahl der Faserbänder	eingestellte Mantelfeinheit, Tt/tex	Spinntrommeldrehzahl, n/min^{-1}	Abzugsgeschwindigkeit, $v/\text{m·min}^{-1}$	Öffnerwalzen drehzahl, n/min^{-1}
Kupferdraht	2	300	1 500	50	3 500

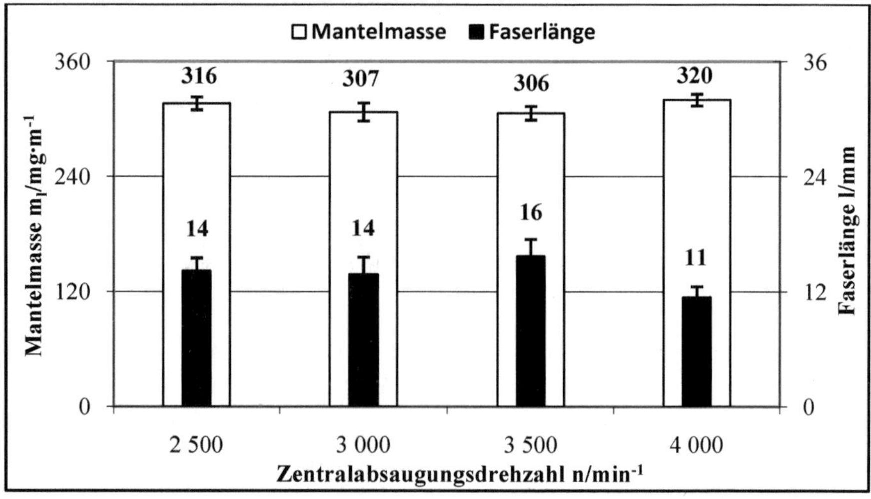

Abb. 4.9: Längenspezifische Mantelmasse und Faserlänge bei Variation der Zentralabsaugungsdrehzahl [75]

Mit einer Zentralabsaugungsdrehzahl von 4 000 min^{-1} wird die höchste längenspezifische Mantelmasse von 320 mg erreicht, die Glasfaserlänge ist mit 11 mm im Vergleich zu den anderen Varianten am kürzesten. Die längsten Glasfasern im Mantel mit 16 mm weist die Garnvariante mit einer Zentralabsaugungsdrehzahl von 3 500 min^{-1} auf. Für die Untersuchung der Abzugsgeschwindigkeit hinsichtlich deren Einfluss auf die Faserlänge und die Mantelmasse wird die Zentralabsaugungsdrehzahl bei 3 500 min^{-1} konstant gehalten. Die Tabelle 4-4 gibt die festen Spinnparameter und die Abbildung 4.10 die Faserlänge und die längenspezifische Mantelmasse bei dem untersuchten Spinnparameter Abzugsgeschwindigkeit an.

Tabelle 4-4: Feste Spinnparameter bei der Variation der Abzugsgeschwindigkeit [75]

Kernmaterial	Anzahl der Faserbänder	eingestellte Mantelfeinheit, Tt/tex	Spinntrommeldrehzahl, n/min^{-1}	Zentralabsaugungsdrehzahl, n/min^{-1}	Öffnerwalzendrehzahl, n/min^{-1}
Kupferdraht	2	300	1 500	3 500	3 500

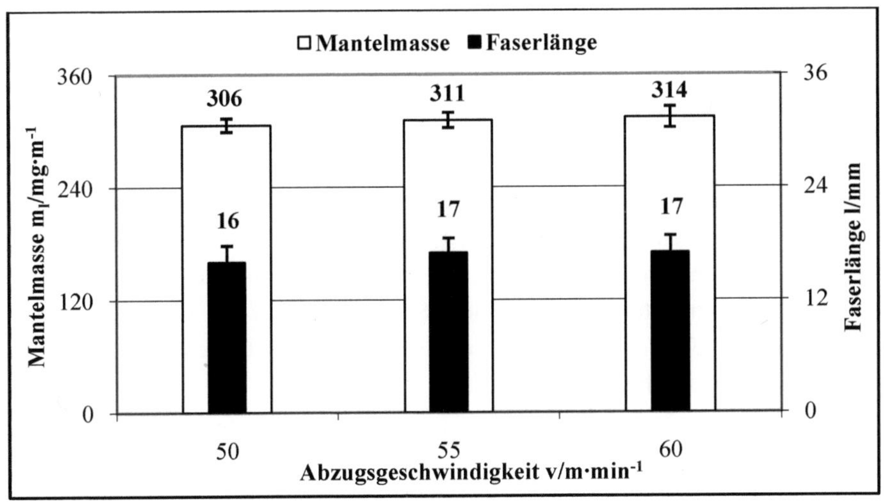

Abb. 4.10: Längenspezifische Mantelmasse und Faserlänge bei Variation der Abzugsgeschwindigkeit [75]

Es ist zu erkennen, dass mit steigender Garnabzugsgeschwindigkeit die Mantelmasse zunimmt. Mit einer Garnabzugsgeschwindigkeit von 60 m/min kann mit 314 mg die höchste Mantelmasse pro Meter erreicht werden. Die Längen der Mantelfasern der drei Varianten sind mit 16 bzw. 17 mm annähernd gleich.

Für die weiterführenden Versuche wird anfangs eine Öffnerwalzendrehzahl von 3 500 min^{-1} und eine Zentralabsaugungsdrehzahl um 3 500 min^{-1} gewählt, da die bisherigen Versuche zeigen, dass mit diesen Einstellungen die Fasern des Garnmantels am längsten sind und das ein reproduzierbarer Spinnprozess gewährleistet werden kann. Die Abzugsgeschwindigkeit ist mit 50 m/min der an der Maschine kleinste einzustellenden Wert und soll so gering wie möglich gehalten werden, um die Drahtzugkraftschwankungen zu minimieren. Des Weiteren wird für die Gewährleistung eines stabilen Spinnprozesses die Anzahl der einlaufenden Glasfaserbänder erhöht, um die Faserbandeinlaufgeschwindigkeit zu verringern und um die gesamte Arbeitsbreite des Tambours auszunutzen. Damit soll auch die Ablagerung der Glasfasern am Tambourdeckel verhindert werden.

4.3   Technologische Untersuchungen zur Entwicklung von FGL-Hybridgarnen

4.3.1   Allgemeines

Die grundlegenden technologischen Untersuchungen, wie Bestimmung der Faserlänge, des Mantelgewichts und der Mantelabstreifkraft, werden zuerst mit Kupfer als Kernmaterial durchgeführt. Bei den daraus ermittelten Vorzugsvarianten wird das Kernmaterial Kupfer durch Stahl ersetzt, da das Materialverhalten des Stahldrahts eher dem zähen Materialverhalten der FGL entspricht, als das duktile des Kupferdrahts.

Bei den ersten Versuchen mit dem Stahldraht wird festgestellt, dass die Richtungswechsel an den Spulenenden beim Abziehen des Drahtes sehr hohe Zugkraftschwankungen in der Spinnzone verursachen. Die Ursache dafür ist in dem veränderten Materialverhalten des Drahtes zu suchen. Deshalb wird für die Verarbeitung des Stahldrahtes und später der FGL eine Fadenwippe zur Kompensation der Zugkraftschwankungen zwischen der Abspuleinrichtung des Drahtes und der Spinnstelle installiert. Zusätzlich wird festgestellt, dass sich die Mantelfasern öfter vom Draht ablösen und Mantelfasern sowie Kern getrennt aus der Spinnstelle auslaufen. Es wird vermutet, dass sich dieses Phänomen mit der geänderten Oberflächenbeschaffenheit des Stahldrahtes begründen lässt. Als Lösung stellt sich die Zuführung eines Glasfilamentgarns zusätzlich zu dem Stahldraht als Kern heraus. Das Glasfilamentgarn mit einer Feinheit von 300 tex wird mit einer sehr viel geringeren Fadenspannung der Spinnstelle zugeführt und bietet somit den Mantelfasern eine größere Möglichkeit sich einzuhaken und eine geschlossene Mantelstruktur zu bilden.

Zuerst wird mit dem Einsatz des Stahldrahtes die Herstellung von Mantelstrukturen in einem Feinheitsbereich von 400 bis 1 400 tex untersucht. Aufgrund der Prozessveränderung und der Variation der einlaufenden Faserbandanzahl kommt es zu einer Anpassung der Spinnparameter. Dabei werden die Öffnerwalzendrehzahl und die Abzugsgeschwindigkeit konstant gehalten.

Anschließend wird speziell der Einfluss mehrerer Faserbänder auf die Eigenschaften der Hybridgarne untersucht. Die Öffnerwalzendrehzahl wird entgegen den ersten Ergebnissen bezüglich der Faserlänge auf 4 500 m/min^{-1} erhöht, da die Faserlänge mehr von der Anzahl der Faserbänder als von der Öffnerwalzendrehzahl beeinflusst wird. Die eingesetzten Materialien und die eingestellten Spinnparameter sind in der Tabelle 4-5 aufgelistet.

Tabelle 4-5: Spinnparameter der Hauptversuche

Kernmaterial	Stahldraht + GF-Filamentgarn
Anzahl der Faserbänder	4 - 6
Hergestellte Mantelfeinheiten, Tt/tex	400 - 1 400
Spinntrommeldrehzahl, n/min^{-1}	2 500 - 3 500
Zentralabsaugungsdrehzahl, n/min^{-1}	3 500 - 4 000
Öffnerwalzendrehzahl, n/min^{-1}	4 500
Abzugsgeschwindigkeit, v/m·min^{-1}	50

4.3.2   Charakterisierung der Hybridgarne

An den hergestellten Hybridgarnen werden Mantelabstreifversuche durchgeführt, um zu untersuchen, wie fest der Garnmantel um den Draht gesponnen ist. Die Prüfungen finden an der Zugprüfmaschine Z 2.5 der Firma Zwick im Prüflabor des ITM statt. In der unteren Klemme der Prüfmaschine wird ein Metallhaken mit Loch eingespannt, durch den der Kern des Hybridgarns (nur der Draht) gezogen wird. Es werden jeweils zehn Proben untersucht und die Mantelabstreifkraft F_M ermittelt. Der Versuchsaufbau ist in Abbildung 4.11 dargestellt.

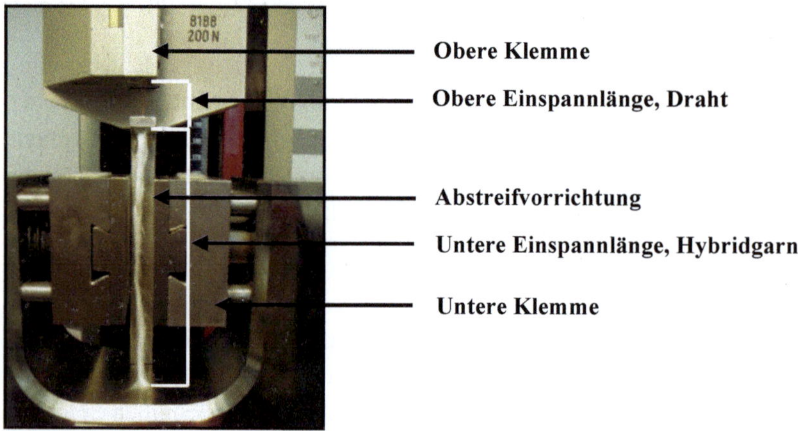

Abb. 4.11: Versuchsaufbau des Mantelabstreifversuchs [75]

Der Draht wird durch ein Loch mit dem Durchmesser 0,55 mm gezogen. Der Mantel und das Glasfilamentgarn werden während der Prüfung an der unteren Seite des Metallhakens abgestreift. Zwischen den Klemmbacken der oberen Klemme werden zwei Blätter feines Sandpapier gelegt, um das Rutschen des glatten Drahtes aus den Klemmen zu verhindern. In der Tabelle 4-6 sind die Prüfparameter der Mantelabstreifversuche aufgelistet.

Tabelle 4-6: Prüfparameter der Mantelabstreifversuche

Obere Einspannlänge, l/mm	14
Untere Einspannlänge, l/mm	100
Vorkraft, F/N	0,02
Messkopf	100 N
Prüfgeschwindigkeit, v/mm·min⁻¹	75
Klemmen	Oben: pneumatisch, 8188 mit Vulkollan und Sandpapier Unten: 8354 Feilenhiebbacken

Um den Formgedächtniseffekt des FGL-Drahtes optimal auszunutzen, muss er beweglich in den FVW integriert werden. Für die FVW-Herstellung werden die Hybridgarne zwischen zwei biaxial-verstärkte Gestrickstrukturen aus Glasfilamentgarnen gelegt und in einer Labor-RTM-Anlage (RTM - Resin Transfer Moulding) mit dem Vinylesterharz DION 9100 infiltriert. Der Ausziehversuch dient zu Ermittlung der Kraft, die benötigt wird, den Draht in einem konsolidierten FVW zu bewegen. Angegeben wird, neben der Ausziehkraft, die Dehnung bei maximaler Ausziehkraft. Des Weiteren gibt dieser Versuch Auskunft, ob die Matrix die Mantelstruktur durchdringt und den Kern im FVW fixiert. Als Kennwert wird die längenspezifische Kraft $f_L/N \cdot mm^{-1}$ eingeführt. Der Kennwert gibt an, welche Kraft zur Überwindung der Reibung zwischen Kern und Mantel notwendig ist, den FGL-Draht um einen definierten Betrag im Verbund zu bewegen. Er bildet den Anstieg der Sehne zwischen den Punkten des Prüfungsbeginns und der maximalen Ausziehkraft. Ein typischer Kraft-Dehnungs-Verlauf des Ausziehversuchs ist in der Abbildung 4.12 gezeigt.

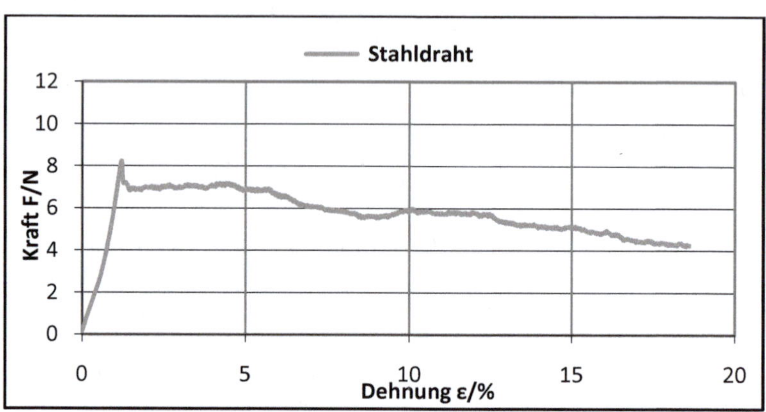

Abb. 4.12: Kraft-Dehnungs-Verlauf beim Ausziehversuch

Die Ausziehversuche finden auch an der Zugprüfmaschine Z 2.5 der Firma Zwick im Prüflabor des ITM statt. In der unteren Klemme wird die FVW-Probe und in der oberen Klemme der Draht eingespannt. Die Proben sind an der unteren Schnittkante geschliffen bzw. poliert, damit der durch den Sägeschnitt entstandene Grad den Ausziehversuch nicht behindert. Der Versuchsaufbau der Ausziehversuche ist in der Abbildung 4.13 dargestellt.

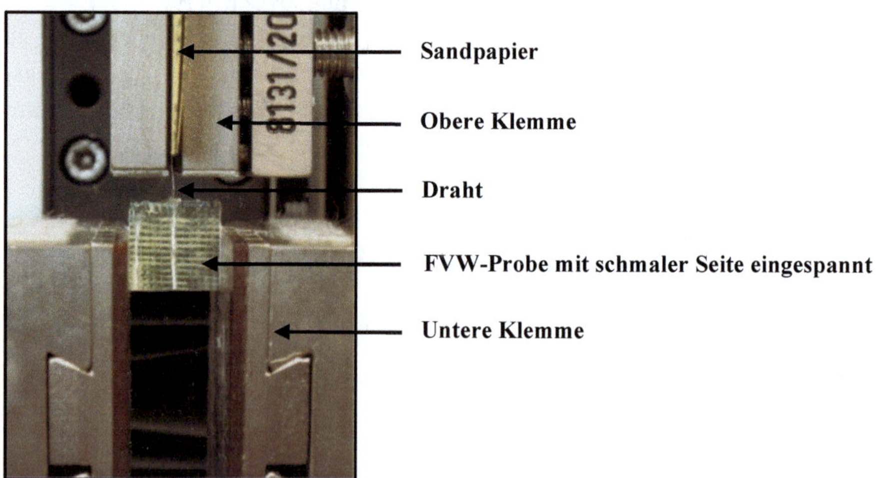

Abb. 4.13: Versuchsaufbau des Ausziehversuchs

Die schmale Seite des FVW wird als Klemmfläche benutzt, um den Einfluss der Klemmung auf die Ausziehkraft zu minimieren. In die obere Klemme werden zwei Blätter feines Sandpapier eingelegt, um das Rutschen des glatten Drahtes aus den Klemmen zu verhindern. Es werden jeweils zehn Proben untersucht. Die eingestellten Parameter des Ausziehversuchs sind in der Tabelle 4-7 aufgelistet.

Tabelle 4-7: Prüfparameter der Ausziehversuche

Einspannlänge, l/mm	10
Eingebettete Drahtlänge, l/mm	10
Vorkraft, F/N	0,02
Messkopf	100 N
Prüfgeschwindigkeit, v/mm·min^{-1}	2
Klemmen	Oben: 8131 mit Vulkollan und Sandpapier Unten: 8354 mit Vulkollan

Abschließend werden die Hybridgarne hinsichtlich der Kerndrehung, verursacht durch den OE-Friktionsspinnprozess, untersucht. Am Drehungsprüfgerät D 312 der Firma Zweigle finden die Drehungsermittlungen der Hybridgarne nach dem in DIN 53832 beschriebenen Aufdrehverfahren im Prüflabor des ITM statt. Es werden jeweils 20 Proben untersucht. Die Parameter der Drehungsermittlungsversuche sind in der Tabelle 4-8 aufgelistet.

Tabelle 4-8: Prüfparameter bei der Drehungsermittlung der Drähte

Einspannlänge, l/mm	500
Vorkraft, F/N	1
Prüfgeschwindigkeit	stufenlos geregelt
Klemmen	Links: fest, Rechts: drehbar

4.3.3 Auswertung der technologischen Untersuchungen

Durch die Anpassung der Spinnparameter wird eine erneute Auswertung der Faserlänge und der Mantelmasse der hergestellten Varianten notwendig. Da die ganzheitliche Betrachtung der hergestellten Hybridgarnvarianten zu umfangreich ist, wird sich hier auf die Auswertung einer Hybridgarnvariante mit einer Mantelfeinheit von 600 tex beschränkt und für die ersten Hybridgarnvarianten als Kernkomponente Kupferdraht eingesetzt. Allein die Varianten zur Herstellung einer Mantelfeinheit von 600 tex belaufen sich bei der Variation der Zentralabsaugungsdrehzahl, der Spinntrommeldrehzahl und der Faserbandanzahl auf 18 Stück. Die Mantelfeinheit dieses Hybridgarns ist gerade so hoch gewählt, dass die duroplastische Matrix den Mantel nicht durchdringt. Des Weiteren sind die im Rahmen dieser Arbeit entwickelten Hybridgarne als Störstellen im FVW anzusehen, da der Mantel zur Funktionsgewährleistung so aufgebaut ist, dass er mit dem Matrixmaterial nicht vollständig durchtränkt wird. Je dicker der Mantel ist, desto größer ist der negative Einfluss auf die mechanischen Eigenschaften des FVW. Zu beachten bleibt aber, dass die Auswahl der Hybridgarnvarianten hier nur exemplarisch für ein Matrixsystem erfolgt und für jedes andere Matrixsystem die geeignete Mantelstruktur bzw. -feinheit entwickelt werden muss.

In der Tabelle 4-9 sind die Probenbezeichnungen und die dazugehörigen Spinnparameter dargestellt. Die Abbildung 4.14 zeigt die längenspezifische Mantelmasse und die Faserlängen der einzelnen Varianten des Hybridgarns mit einer Mantelfeinheit von 600 tex.

Tabelle 4-9: Probenbezeichnung und Spinnparameter

Probenbezeichnung	V1	V2	V3	V4	V5	V6
Spinntrommeldrehzahl, n/min^{-1}	2 500	3 000	3 500	2 500	3 000	3 500
Zentralabsaugungsdrehzahl, n/min^{-1}	3 500	3 500	3 500	4 000	4 000	4 000
Öffnerwalzendrehzahl, n/min^{-1}	4 500	4 500	4 500	4 500	4 500	4 500
Abzugsgeschwindigkeit, v/m·min^{-1}	50	50	50	50	50	50

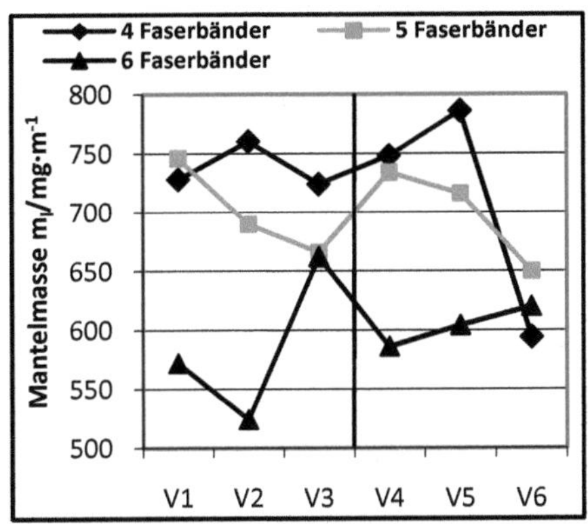

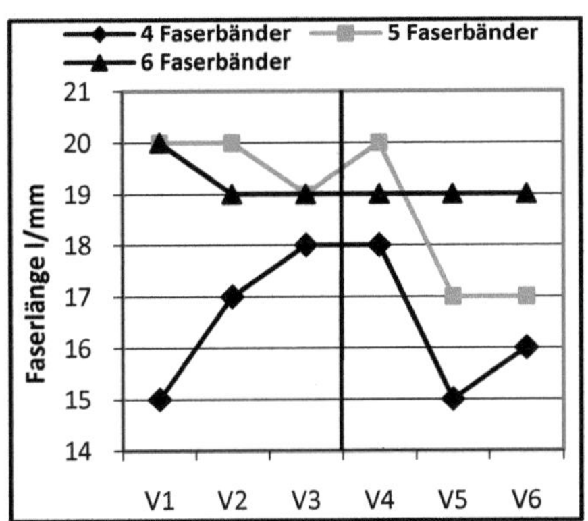

Abb. 4.14: Längenspezifische Mantelmasse (links) und Faserlänge (rechts) des HG 600 tex

Obwohl die Mantelfeinheit mit 600 tex ($\triangleq$ 600 mg/m) in die Maschinensteuerung eingegeben wird, schwankt die Mantelfeinheit in einem Bereich von 525 - 785 tex. Aus den beiden Diagrammen lässt sich die Tendenz ableiten, dass mit einer geringeren Anzahl an Faserbändern, also mit höherer Einzugsgeschwindigkeit, die Mantelfeinheit zu-, aber die Faserlänge abnimmt.

Der Mantelabstreifversuch der einzelnen Varianten wird bei einer Geschwindigkeit von 75 mm/min durchgeführt. Diese Geschwindigkeit ist in Vorversuchen ermittelt worden und in Anhang 7 ersichtlich. Bei dieser Geschwindigkeit treten die geringsten Abstreifkräfte und die geringste Streuung in den Kennwerten auf. Die Abbildung 4.15 stellt die Ergebnisse des Abstreifversuches der 18 Varianten dar und zeigt einen typischen Kraft-Weg-Verlauf dieser Prüfung.

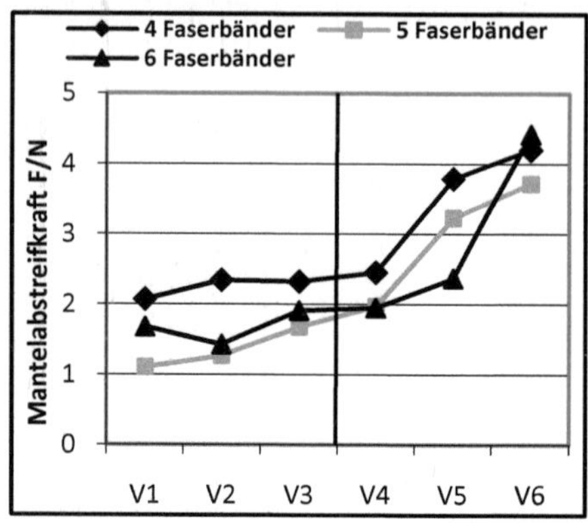

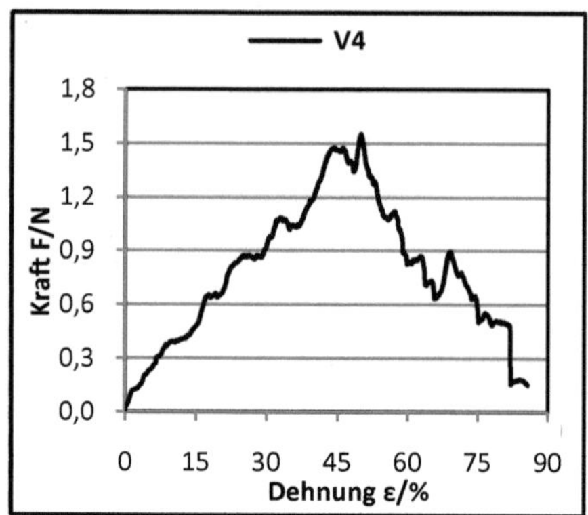

Abb. 4.15: Mantelabstreifkraft der Hybridgarne 600 tex (links) und typischer Kraft-Weg-Verlauf (rechts)

Zu erkennen ist eine deutliche Zunahme der Abstreifkraft bei höheren Spinntrommel- und Zentralabsaugungsdrehzahlen. Eine geringe Kraft beim Mantelabstreifversuch lässt auf eine gute Beweglichkeit des Drahtes im Mantel schließen. Aufgrund der Faserlänge von 19 - 20 mm und der geringen Kräfte im Mantelabstreifversuch werden im Weiteren nur die Versuche V1 - V4, hergestellt mit 5 Faserbändern, betrachtet. Sie werden als sogenannte Vorzugsvarianten ausgewählt, an denen die weiteren Untersuchungen durchgeführt werden.

Der Wechsel von Kupfer- auf Stahldraht bedingt die nochmalige Bestimmung der Mantelabstreifkraft der Vorzugsvarianten. Zusätzlich wird bei der Hybridgarncharakterisierung nun die Drehung des Kupfer- und Stahldrahtes im Kern des Hybridgarnes ermittelt. Die Ergebnisse der beiden Prüfungen sind in der Abbildung 4.16 dargestellt.

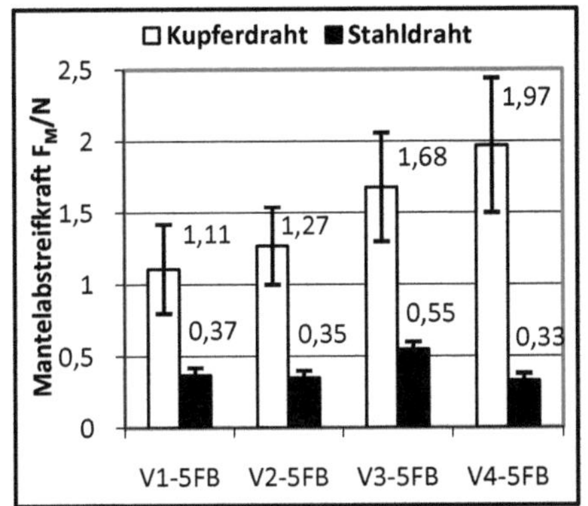

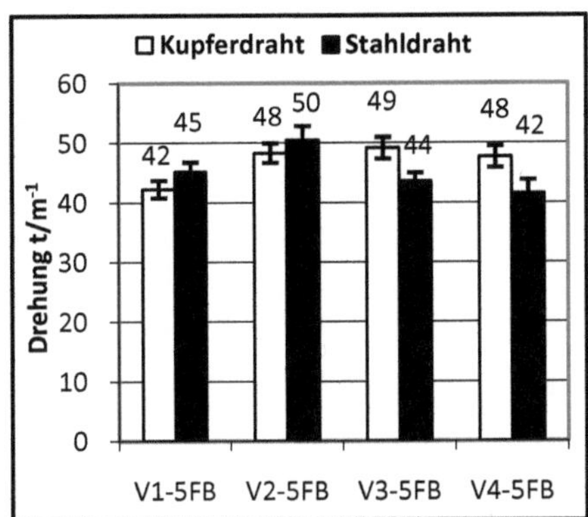

Abb. 4.16: Mantelabstreifkraft (links) und Kerndrehung (rechts) der Vorzugsvarianten

Deutlich wird bei der Betrachtung der Mantelabstreifkraft, dass diese beim Kernmaterial Stahl sehr viel niedriger als bei Kupfer ist. Damit ist die Oberflächenbeschaffenheit des Kernmaterials ein entscheidender Einflussfaktor für die Mantelabstreifkraft. Der Kupferdraht weist dabei eine mit Isolierlack behandelte Oberfläche und der Stahldraht eine polierte Oberfläche auf. Die Kennwerte bei der Ermittlung der Kerndrehung zeigen ein uneinheitliches Bild bezüglich der beiden Kernmaterialien. Hier ist keine eindeutige Tendenz abzuleiten, obwohl beide Materialien eine sehr unterschiedliche Steifigkeit aufweisen. Durch den Spinnprozess wird der Draht unter anderem auf Torsion belastet, was ebenfalls die Rückstellkräfte der FGL beeinflusst [76]. Die Variante V4 weist mit 42 m^{-1} die wenigsten Drehungen auf. Im Vergleich der Varianten V1 mit V4 verringert sich die Stahldrahtdrehung mit steigender Zentralabsaugungsdrehzahl um ca. 7%.

Nach der Verbundherstellung erfolgt zur Ermittlung der Beweglichkeit des Kernmaterials der Ausziehversuch. Die Abbildung 4.17 zeigt die Ergebnisse des Ausziehversuchs für die Vorzugsvarianten.

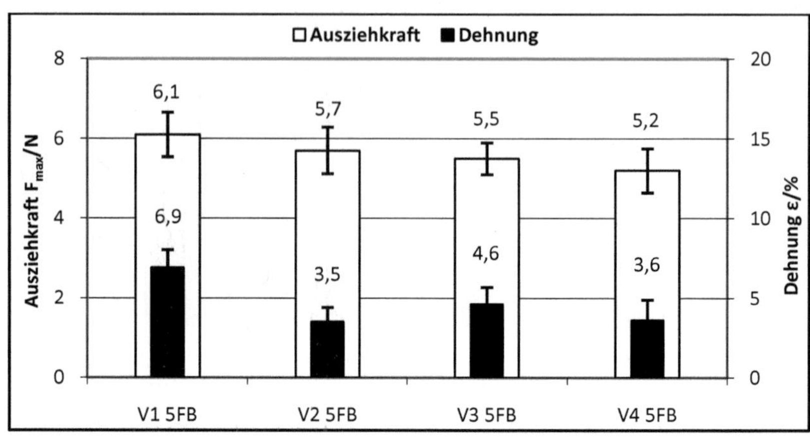

Abb. 4.17: **Ausziehkraft und Dehnung bei maximaler Ausziehkraft der Vorzugsvarianten**

Aus den Ergebnissen des Ausziehversuchs ist trotz der großen Vertrauensbereiche die Tendenz ersichtlich, dass sowohl die Erhöhung der Spinntrommeldrehzahl als auch die Erhöhung der Zentralabsaugungsdrehzahl eine Verringerung der Ausziehkräfte verursacht. Bei einer Erhöhung der Spinntrommeldrehzahl von 2 500 auf 3 500 min^{-1} sinkt die Kraft um ca. 10%. Durch die Erhöhung der Zentralabsaugungsdrehzahl von 3 500 auf 4 000 min^{-1} nimmt die Ausziehkraft um ca. 15% ab. Die Dehnung bis zur maximalen Ausziehkraft ist sehr uneinheitlich. Hier lässt sich keine Tendenz ableiten. Der Kennwert der längenspezifischen Kraft f_L ist für alle Vorzugsvarianten in der Tabelle 4-10 aufgelistet.

Tabelle 4-10: **Längenspezifische Kraft f_L für die Vorzugsvarianten**

Probe	V1	V2	V3	V4
$f_L / N \cdot mm^{-1}$	8,84	16,29	11,96	14,44

Eine Aussage über die Belastungen, die auf das Kernmaterial während des Spinnprozesses wirken, soll der Vergleich der Kennwerte aus dem Drahtzugversuch, der in Anlehnung an die Norm DIN EN 10002-1 Anhang C erfolgt, ermöglichen. Dafür wird der Draht von den Mantelfasern und dem Glasfilament so vorsichtig wie möglich getrennt. Die Kennwerte des Kernmaterials Stahldraht werden vor der Verarbeitung (aber schon nach dem Umspulprozess) und nach dem Spinnprozess im Zugversuch ermittelt. Die Ergebnisse aus dem Zugversuch des Stahldrahts sind in der Abbildung 4.18 dargestellt.

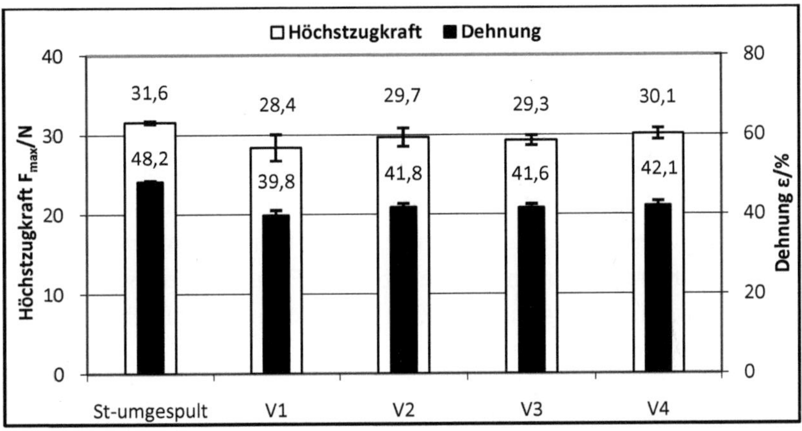

Abb. 4.18: Höchstzugkraft und Dehnung vom Kernmaterial Stahldraht

Die Kraft-Dehnungs-Verläufe der Stahldrähte lassen sich in zwei Bereiche unterteilen. Zunächst erhöht sich die Zugkraft sehr stark und die Dehnung ist sehr gering, das Material wird elastisch verformt. Anschließend beginnt der Stahl zu fließen, der Stahl wird plastisch verformt, die Kraft steigt im Vergleich zur Dehnung bis zum Bruch weniger stark an. Wie aus den Ergebnissen der Auszieh-versuche (Abb. 4.17) zu erkennen ist, liegen die Ausziehkräfte der Vorzugsva-rianten in einem Bereich von 5,2 bis 6,1 N. Diese Werte liegen immer im elastischen Bereich der Stahldrähte, da die niedrigste Kraft der R$_{P=0,2}$-Dehngrenze bei der Variante V1 mit F = 8,7 N erreicht wird.

Der Stahldraht der Variante V4 weist mit 30,1 N die höchste Höchstzugkraft und mit 42,1% die größte Dehnung der vier Vorzugsvarianten auf. Die geringere Schädigung der Variante V4, wie sie aus den Ergebnissen bei der Ermittlung der Kerndrehung und beim Zugversuch ersichtlich wird, kann auf einen lockeren Mantel und eine geringere Mantelfestigkeit, wie sie bei der Erhöhung der Zen-tralabsaugungsdrehzahl einhergeht, zurückgeführt werden. Diese Annahme wird auch durch die Ermittlung der Mantelabstreifkraft (Abb. 4.16) bestätigt. Ob diese Aussagen zu der Mantelfestigkeit aus den bisher durchgeführten Untersuchungen so gezogen werden können und ob eine geringe Mantelfestigkeit gleichbedeutend mit einer guten Beweglichkeit des Drahtes im konsolidierten Verbund ist, soll in den folgenden Untersuchungen überprüft werden.

Das Ziel der weiteren Untersuchungen ist es, das Kraft-Dehnungs-Verhalten der Komponenten Glasfilamentgarn, Hybridgarn und Stahldraht definiert ins Verhältnis zu setzen, um eine Aussage zur theoretischen Mantelfestigkeit R_M zu erhalten. Die Hybridgarne und die zusammen mit dem Stahldraht in den Kern integrierten Glasfilamentgarne werden im einachsigen Zugversuch in Anlehnung an die DIN 53834 untersucht. Der Mantel wird dazu vorsichtig von dem Glasfilamentgarn und dem Stahldraht entfernt. Das Glasfilamentgarn wird dann behutsam vom Stahldraht getrennt, ohne weitere Filamente zu schädigen. Die Kennwerte für die Höchstzugkraft und der Höchstzugkraftdehnung sind in Abbildung 4.19 dargestellt.

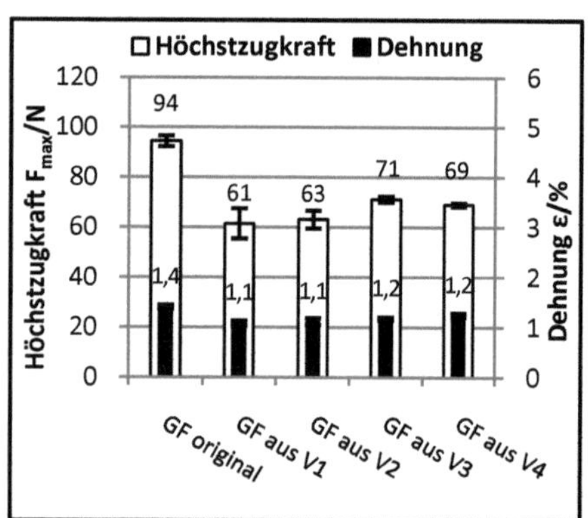

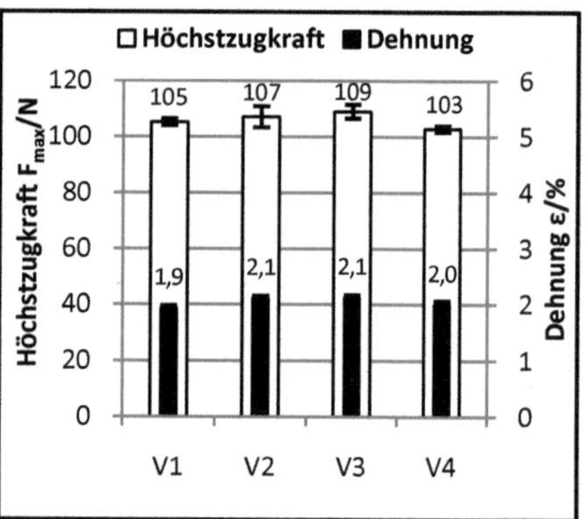

Abb. 4.19: **Höchstzugkraft und Höchstzugkraftdehnung des Glasfilamentgarns (links) und des Hybridgarns (rechts)**

Deutlich zu sehen ist, dass die Höchstzugkraft des Glasfilamentgarns, hervorgerufen durch den schädigenden Einfluss des OE-Friktionsspinnprozesses, zwischen 25%...35% abnimmt. Der Zugversuch der Hybridgarne hat als Abbruchkriterium der Prüfung einen Kraftabfall von mehr als 30% vom Kraftmaximum. Das wird bei der Prüfung der Hybridgarne dann eintreten, wenn die Komponente Glasfilamentgarn reißt. Sie weist mit $\varepsilon = 1{,}4\%$ eine viel geringere Höchstzugkraftdehnung als der Stahldraht mit $\varepsilon = 48{,}2\%$ auf und wird demzufolge zuerst versagen.

Die Kraft-Dehnungs-Kurven sind als Mittelwertkurven der Komponenten der Variante V1 in Abbildung 4.20 gezeigt. Für die Ermittlung der theoretischen Mantelfestigkeit werden jeweils die Höchstzugkraft der verschobenen Glasfilamentgarnkurve (GF) und die Kraft des Stahldrahtes an der Stelle ε_s von der Höchstzugkraft des Hybridgarns abgezogen. Für diese Auswertung werden immer die Mittelwertkurven der einzelnen Varianten und deren Komponenten gebildet. Die Differenz ergibt die theoretisch wirkende Mantelkraft F_{thM} bei dem Zugversuch der Hybridgarne.

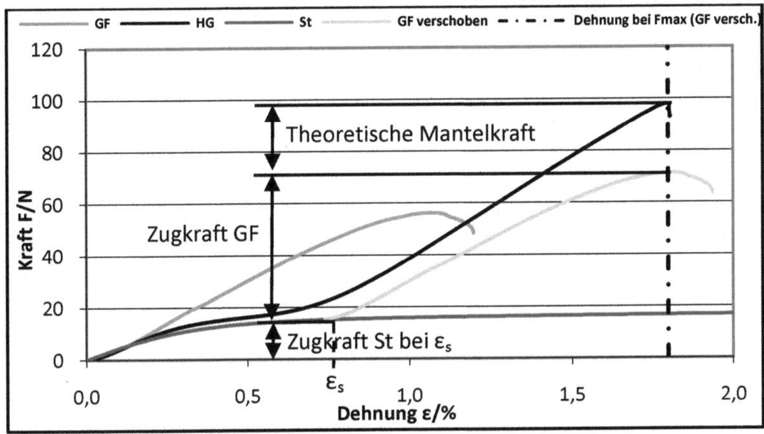

Abb. 4.20: Kraft-Dehnungs-Verläufe Glasfasergarn, Hybridgarn und Stahldraht

Wie in der Abbildung 4.20 zu sehen ist, verschiebt sich die Höchstzugkraft bzw. die Kurve des Glasfilamentgarns erheblich zu höheren Dehn- und Kraftwerten. Das ist mit der nicht gestreckten Anordnung des Glasfilamentgarns im Kern des Hybridgarns als Folge des OE-Friktionsspinnprozesses zu begründen, wodurch eine Art Materialreserve entsteht. Die sich ergebende theoretische Mantelzugkraft der Varianten V1 - V4 ist in der Abbildung 4.21 der längenspezifischen Mantelmasse gegenübergestellt.

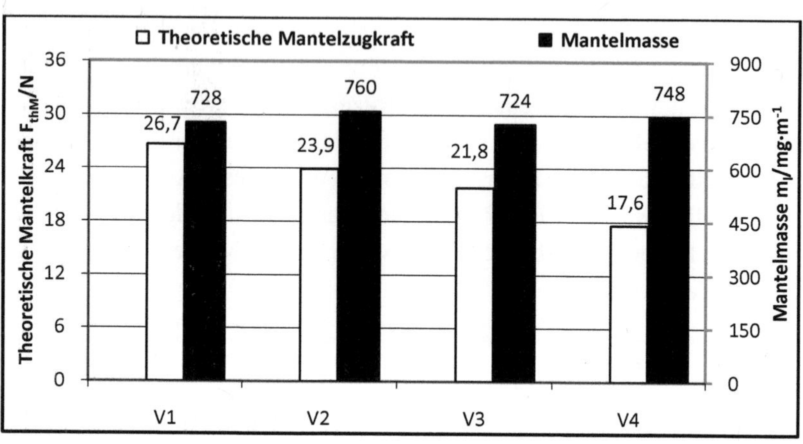

Abb. 4.21: Theoretische Mantelzugkraft und die längenspezifische Mantelmasse der Vorzugsvarianten

Da es sich bei dem Mantelmaterial immer um Glasfasern handelt, erschließt sich direkt aus der theoretischen Mantelzugkraft und der Mantelmasse, unter Berücksichtigung der Dichte, die theoretische Mantelfestigkeit (R_M). Diese wird mittels der Gleichung 4.1 wie folgt berechnet:

$$R_M = F_M \cdot \frac{\rho}{m_l} \cdot 100 \,.$$

R_M — Theoretische Mantelfestigkeit, $R_M/\text{N·mm}^{-2}$

F_M — Theoretische Mantelkraft, F_M/N

ρ — Dichte, $\rho/\text{kg·m}^{-3}$

m_l — längenspezifische Mantelmasse, $m_l/\text{kg·m}^{-1}$

$$(4.1)$$

Die Tabelle 4-11 gibt die Kennwerte der Mantelabstreifkraft, der theoretischen Mantelfestigkeit und der längenspezifischen Ausziehkraft des Drahtes aus einem Verbund sowie die Festigkeitsabnahme des Kernmaterials Stahl bei der Hybridgarnherstellung als Zusammenfassung wieder.

Tabelle 4-11: Kennwerte der Hybridgarncharakterisierung

Probe	V1	V2	V3	V4
Mantelabstreifkraft F_M/N	0,37	0,35	0,55	0,33
Theoretische Mantelfestigkeit $R_M/N \cdot mm^{-2}$	90,8	88,0	83,1	60,9
längenspezifische Ausziehkraft $f_L/N \cdot mm^{-1}$	8,84	16,29	11,96	14,44
Festigkeitsabnahme des Kernmaterials bei der Hybridgarnherstellung $1/\%$	10,1	6,0	7,3	4,8

Wie aus den Kennwerten ersichtlich, zeigen die theoretische Mantelfestigkeit und die Mantelabstreifkraft eine ähnliche Tendenz und bestätigen nochmals, dass eine geringere Mantelfestigkeit eine größere Beweglichkeit des Kernes zulässt. Des Weiteren bedeutet es, dass eine geringe Mantelabstreifkraft und dass eine geringe Mantelfestigkeit in eine geringere Schädigung des Kernmaterials resultieren.

Aufgrund dieser Ergebnisse werden jetzt FGL-Hybridgarne mit den Einstellparametern der Variante V4 hergestellt. Es kommen dabei als Kernmaterialien die FGL 2a und 3a zum Einsatz. Als Mantelfeinheiten werden je FGL-Variante einmal 600 tex und einmal 900 tex ersponnen. Es werden somit 4 Varianten FGL-Hybridgarne hergestellt. Die FGL 2a und 3a werden aufgrund der Untersuchungsergebnisse des Kapitels 3 als Kernmaterialien ausgewählt. Die Tabelle 4-12 fasst noch einmal die relevanten mechanischen Eigenschaften und weitere wichtige Informationen zusammen.

Tabelle 4-12: Eigenschaften der FGL 2a und 3a

FGL	2a	3a
Höchstzugkraft F_H/N	89,7	46,6
Höchstzugkraftdehnung $\varepsilon_H/\%$	5,6	10,8
Durchmesser d/mm	0,259	0,201
Oberfläche	Oxid	Oxid
Wärmebehandlung	Kalt bearbeitet	Kalt bearbeitet + Wärmebehandlung

Die Überführung der mit dem Stahldraht ermittelten Prozessparameter erfolgt ohne Komplikationen und es werden die zuvor ausgeführten vier FGL-

Hybridgarnvarianten hergestellt. Auch die anderen Oberflächeneigenschaften der Formgedächtnisdrähte mit einer Oxidschicht gegenüber der polierten Oberfläche des Stahldrahts stellen sich als unproblematisch heraus. Die Abbildung 4.22 zeigt die FGL-Hybridgarne.

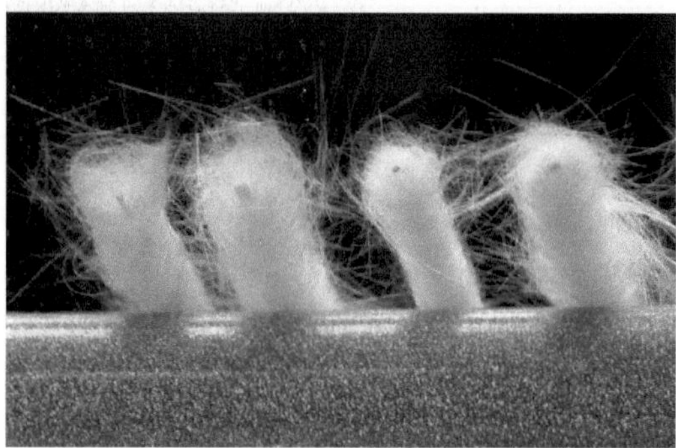

Abb. 4.22: Hergestellte FGL-Hybridgarne

In der Abbildung 4.23 sind zwei Schliffbilder eines FGL-Hybridgarns mit einer Mantelfeinheit von 900 tex und der FGL-Variante 2a, eingebettet in einen duroplastischen FVW, zu sehen.

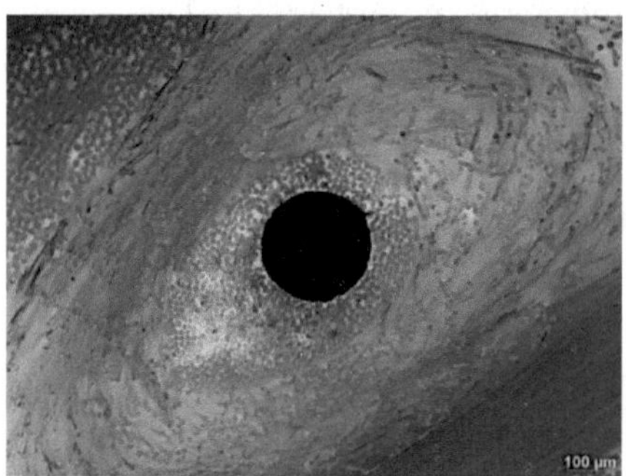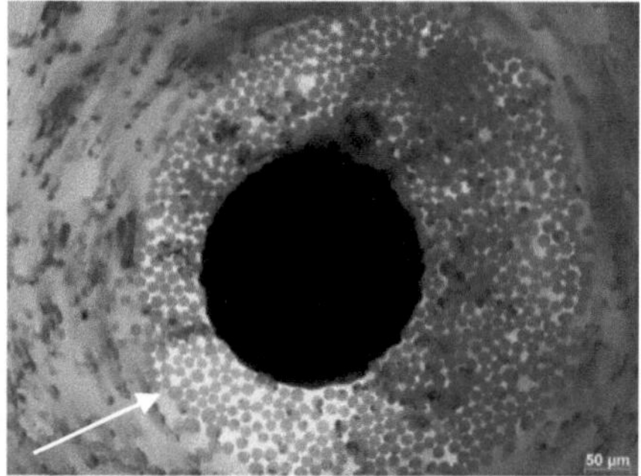

Abb. 4.23: Garnquerschnitt links bei 100-facher und rechts bei 200-facher Vergrößerung

Deutlich ist ein Kontrastunterschied (Pfeil im rechten Schliffbild) im Zwischenraum der einzelnen Glasfasern zu erkennen. Da sich die Drähte im Ausziehversuch aus dem Verbund ziehen lassen und da die Aufnahmen durch ein Auflichtmikroskop entstanden sind, ist anzunehmen, dass es sich bei den helleren

Bereichen in den Schliffbildern um matrixfreie Zonen handelt. Auffällig ist ebenso in beiden Schliffbildern, dass sich das mit in den Kern integrierte Glasfilamentgarn komplett um den Draht angeordnet hat. Diese Tatsache kann bei allen angefertigten Schliffbildern bestätigt werden.

4.4 Analyse des OE-Friktionsspinnprozesses

Die Analyse des OE-Friktionspinnprozesses wird durchgeführt, um festzustellen, wie stark das Kernmaterial (Stahl bzw. FGL) im Spinnprozess auf Zug belastet bzw. vorgedehnt wird. Dabei werden Zugkraftmessungen an der Kernkomponente Stahl online im Spinnprozess durchgeführt. Es wird der Stahldraht, obwohl er zum Teil eine höhere Steifigkeit als die FGL aufweist, als Kernmaterial gewählt, da die Messungen einige Zeit in Anspruch nehmen und der stark mengenbegrenzte FGL-Draht nicht ausreichen würde, die Messungen vollständig durchzuführen. Die eingesetzten Messinstrumente sind ein Zugkraftsensor mit einem Drei-Rollen-Messsystem des Typs TS1-10K sowie ein Verstärker des Typs SC-1 der Firma Schmidt und ein Zweikanal-Oszilloskop Agilent HP 54603B der Firma Hewlett Packard. Das Oszilloskop arbeitet als Analog/Digital-Wandler und setzt das analoge Messsignal in ein digitales Signal um.

Der Zugkraftsensor wird an zwei Stellen des Fadenlaufs positioniert, siehe Abbildung 4.24. Die Position 1 befindet sich direkt hinter der Drahtabzugsposition vor der Fadenwippe und die Position 2 vor der Garnaufwicklung. Durch die starken räumlichen Einschränkungen sind keine weiteren Positionierungen eines Zugkraftsensors möglich.

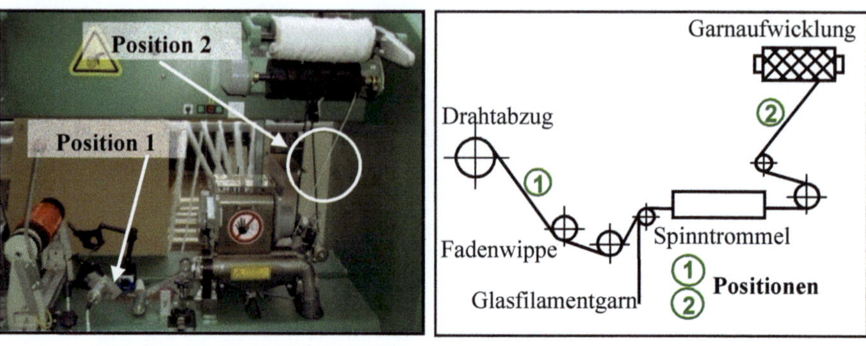

Abb. 4.24: Analyse während des OE-Friktionsspinnprozesses (links) und schematische Messanordnung (rechts) [75]

Für die Zugkraftmessungen werden die Spinnparameter der Hybridgarnvariante V1 aufgrund der höchsten Schädigung eingestellt. An der Position 1 wird nur eine Messung durchgeführt, da die Drahtzugkraft im stationären Betrieb lediglich von der Massenträgheit der Drahtabwicklung abhängig und unabhängig von Spinntrommel- und Zentralabsaugungsdrehzahl ist. An der Position 2 wird die Spinntrommeldrehzahl in einem Bereich von 2 500, 3 000 und 3 500 min^{-1} variiert, die den Vorzugsvarianten V1 - V4 entsprechen. Zusätzlich wird an der Position 2 eine weitere Messreihe ohne Stahldraht, sondern nur mit Glasfilament und Glas-Mantelfasern aufgenommen. An der Position 2 wird die Fadenzugkraft des Hybridgarns mit allen Komponenten, Stahldraht, Glasfilament und Mantelfasern, bestimmt. Die Fadenzugkraft des Hybridgarns muss um die Zugkraft der Komponenten Glasfilamentgarn und Mantelfasern verringert werden, um die Zugkraft des Stahldrahtes an dieser Position zu ermitteln. Die Ergebnisse für die Zugkräfte des Hybridgarns und des Stahldrahtes sind in der Abbildung 4.25 gezeigt.

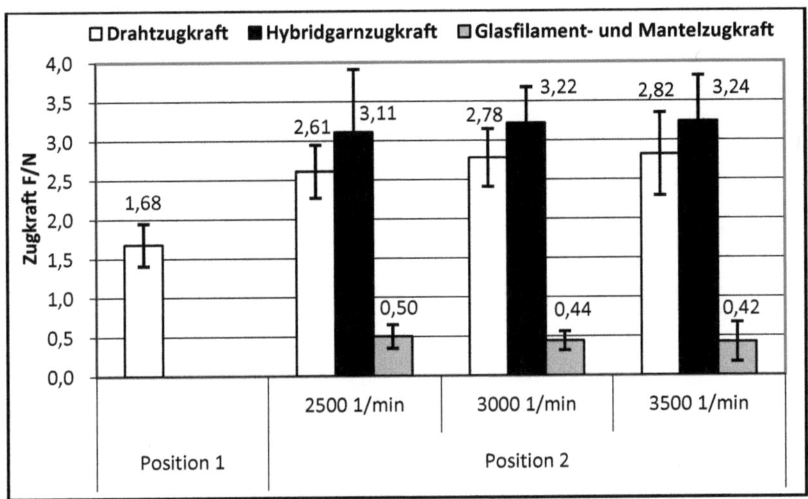

Abb. 4.25: Ergebnisse der Online-Zugkraftmessungen in Abhängigkeit der Spinntrommeldrehzahl

Aus den Ergebnissen der Zugkraftmessungen ist zu erkennen, dass die Draht- und die Hybridgarnzugkraft an Position 2 mit höherer Spinntrommeldrehzahl zunimmt. Die Drahtzugkraft steigt zwischen den Spinntrommeldrehzahlen von 2 500 - 3 500 min^{-1} um 8% und die Hybridgarnzugkraft um 4,2% an. Warum die Glasfilament- und Mantelzugkraft bei einer Erhöhung der Spinntrommeldrehzahl abnimmt, konnte nicht geklärt werden. Des Weiteren ist aus den Messergebnissen zu entnehmen, dass die Zugbelastungen durch den OE-Friktionspinnprozess mit ca. 3 N wesentlich geringer sind als die bei der FGL-Charakterisierung angenommenen 15 N. Bei einer Betrachtung der ermittelten Kraftwerte aus der Online-Messung und der Ergebnisse aus dem Zugversuch wird deutlich, dass bei diesen niedrigen Kraftwerten von einem ähnlichen Materialverhalten der FGL 2a und 3a sowie dem Stahldraht während des OE-Friktionsspinnprozesses auszugehen ist (s. Abbildung 4.26 im Bereich bis 3 N). Beim Stahldraht liegt die Belastung von ca. 3 N im linear elastischen Bereich. Bei den FGL-Varianten hat diese Belastung bzw. die Vordehnung einen Einfluss auf die Rückstellkraft und muss bei der Vordehnung der Drähte berücksichtigt werden, da die Formgedächtnisdrähte durch den OE-Friktionsspinnprozess pseudoplastisch gedehnt werden.

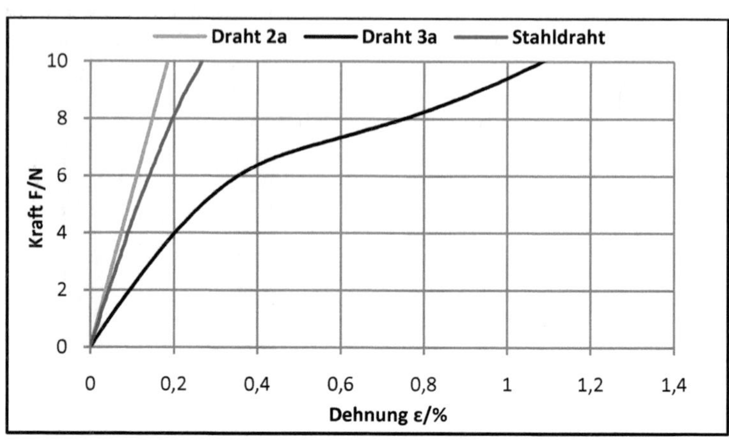

Abb. 4.26: Vergleich der Kraft-Dehnungs-Verläufe von FGL 2a, 3a und Stahl

Anschließend wird in einem weiteren Untersuchungsschritt ermittelt, welchen Einfluss der Flächenbildungsprozess auf die Mantelstruktur der Hybridgarne hat.

4.5   Integration der Hybridgarne in biaxial-verstärkte Gestricke

Die Integration der Hybridgarne erfolgt auf einer Serien-Flachstrickmaschine Typ Steiger aries.3 des ITM. Dafür werden auch Hybridgarne mit Stahldraht als Kern eingesetzt, da lediglich die Ermittlung der generellen Verarbeitbarkeit auf der Flachstrickmaschine und eine visuelle Beurteilung der Mantelschädigung erfolgen. Eine Ermittlung des Einflusses der textilen Verarbeitung auf die mechanischen Eigenschaften des Kernmaterials erfolgt nicht. Der Einfluss ist sehr stark vom Flächenbildungsverfahren abhängig und die Feststellung für die einzelnen Verfahren würde den experimentellen Untersuchungsaufwand dieser Arbeit übersteigen.

Die OE-friktionsersponnenen Hybridgarne werden als Schussfaden in ein biaxial-verstärktes Mehrlagengestrick mit einer 0°/90°-Verstärkung aus GF/PP-Hybridgarnen TWINTEX® als Verstärkungsfäden und einem GF/PP-Commingling-Hybridgarn als Maschenfaden integriert. In der Abbildung 4.27 ist ein solches Gestrick mit einem OE-friktionsersponnenen Hybridgarn integriert als Schussfaden gezeigt.

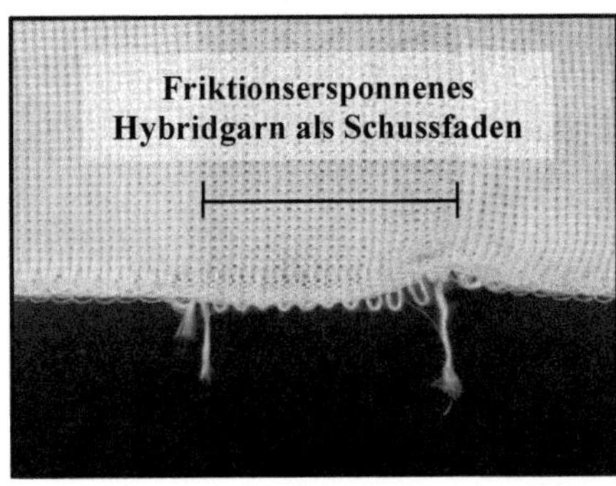

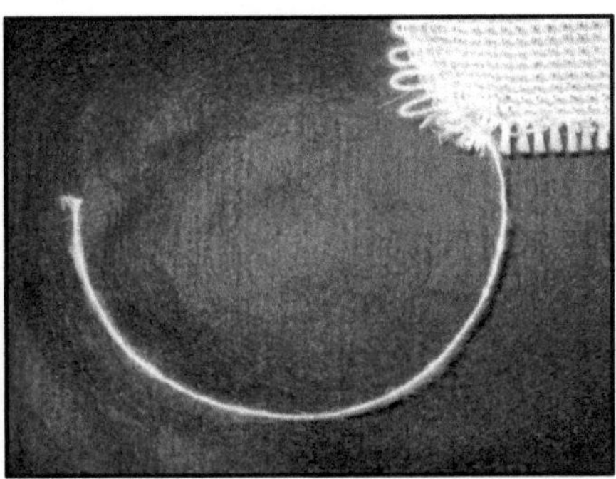

Abb. 4.27: **Biaxial-verstärktes Gestrick mit OE-friktionsersponnenen Hybridgarn als Schussfaden (links) und ein herausgelöster Schussfaden (rechts)**

Die aus dem Gestrick herausgelösten Hybridgarne zeigen eine optisch wahrnehmbare Schädigung der Mantelstruktur. Im Vergleich zu dem unverstrickten Hybridgarn stehen mehr Fasern aus der Mantelstruktur heraus. Die Abbildung 4.28 macht diese Tatsache deutlich. Inwieweit sich diese Schädigung auf die Funktion des Mantels auswirkt bzw. wie die Fadenzuführung soweit verändert werden muss, dass das Hybridgarn mit möglichst geringer Schädigung integriert werden kann, muss gesondert ermittelt werden. Zu klären bleibt des Weiteren, wie die FGL-Hybridgarne durch den textilen Flächenbildungsprozess mechanisch beansprucht werden und wie sich diese Belastung auf die Rückstellkräfte der FGL auswirkt.

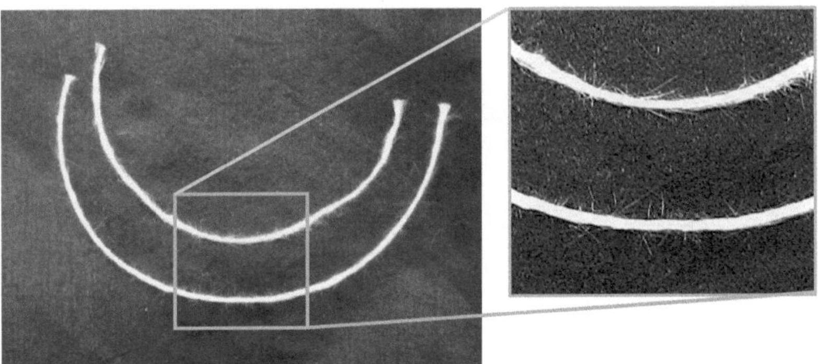

Abb. 4.28: **Hybridgarn vor (unten) und nach (oben) der Verarbeitung auf der Flachstrickmaschine**

5 FE-Modell und Simulation von Faserverbundstrukturen

In diesem Kapitel werden die für die Verformung der Faserverbundstrukturen notwendigen Kräfte und die sich einstellende Form der Verbundstrukturen in Abhängigkeit der Verstärkungsfadenanordnung durch eine Modellierung und Simulation mittels Finite-Elemente-Methode (FEM) an einem exemplarischen Beispiel ermittelt. Daraus leiten sich die Anordnung und die Anzahl der für die definierte Verformung der Verbundstrukturen notwendigen Formgedächtnislegierungen (FGL) ab. Die Grundlagen der Strukturberechnung werden mithilfe der Elastizitätstheorie erläutert und der entwickelte Versuchsaufbau zur Verifikation der Simulationsergebnisse dargestellt. Die Ergebnisse der Untersuchungen sind eine Faserverbundstruktur, die einen definierten, verifizierbaren sowie einfach messbaren Verformungszustand aufweist und die für eine weitere Verformung dieser Struktur notwendigen Kräfte, die durch die FGL im Demonstrator aufgebracht werden müssen.

5.1 Grundlagen

In diesem Abschnitt werden die notwendigen Grundlagen für die Modellbildung und die Simulation erarbeitet, welche für die Berechnung von eigenspannungsverformten Faserverbundstrukturen und von Stabilitätsproblemen erforderlich sind. Es wird zuerst auf die Ursachen von Verzug bei Verbundwerkstoffen durch schwindungsbedingte Eigenspannungen eingegangen. Anschließend erfolgt ein Einblick in die Berechnung von Stabilitätsproblemen, welche durch Schwindung, durch Inhomogenitäten im Werkstoff oder in der Struktur bzw. durch äußere Belastungen in FVW auftreten können.

5.1.1 Schwindungsbedingte Eigenspannungen

Beim Herstellungsprozess von Kunststoffplatten bzw. faserverstärkten Kunststoffplatten kann es zur Bildung von Eigenspannungen im Material kommen. Die treibende Kraft hinter den Eigenspannungen ist in der Regel die Schwindung der Matrix. Schwindung ist eine negative Volumenänderung von Körpern oder Bauteilen infolge Kristallisation, chemischer Reaktionen oder Temperatureinwirkung. Bei Matrices aus polymeren Kunststoffen werden drei Schwindungsarten unterschieden: die thermische Schwindung, die Kristallisationsschwindung und die lineare Schwindung (richtungsabhängige Schwindung) [77].

Die thermische Schwindung resultiert aus der den meisten Materialien innewohnenden Eigenschaft, bei geringerer Temperatur eine höhere Dichte zu besitzen. Verursacht wird dieses Phänomen von der sinkenden Bewegungsenergie der Moleküle, wodurch die Bindungskräfte stärker zum Tragen kommen, so dass sich der Atom- bzw. Molekülabstand verringert [78]. Entlang der Molekülachse ist der Wärmeausdehnungskoeffizient durch die Hauptvalenz- und Nebenvalenzbindungen geringer als senkrecht zur Molekülachse [79].

Bei der Kristallisationsschwindung geht die Erstarrung, u. a. abhängig von der Abkühlgeschwindigkeit und der Orientierung, unterschiedlich stark mit der Kristallisation einher. Dabei nimmt das spezifische Volumen ab und das Bauteil schwindet. Die Randzonen des Bauteils kühlen immer zuerst ab. Bei einer genügend hohen Abkühlgeschwindigkeit (auch durch aktive Kühlung) frieren die Randbereiche mit hohem amorphen Anteil ein, während die Moleküle in der Kernzone noch relativ lange beweglich sind, also einen hohen Kristallisationsgrad erreichen können. Allerdings ist dieses Phänomen aus dem Grund, dass es sich hier um duroplastische Matrices und Strukturen handelt, nicht als treibende Kraft anzunehmen. Bei den Duroplasten tritt eine sogenannte Härtungsreaktion auf, welche ein ähnlicher Vorgang der Kristallisation bei Thermoplasten ist. Die Härtungsreaktion ist in der Regel auch mit einer Volumenkontraktion verbunden. Der Härtungsablauf ist temperaturabhängig, sodass bei äußerer Wärmeab- oder -zufuhr die Außenzonen zuerst härten und die Kontraktion der später aushärtenden inneren Zonen behindert. Dadurch entstehen Druckeigenspannungen in der Randzone und Zugeigenspannungen in den inneren Bereichen [80].

Bei der linearen Schwindung, auch als Reaktionsschwindung bezeichnet, streben Kettenmoleküle bei entsprechender Freiheit, wie alle physikalischen Strukturen, nach einem Zustand größerer Unordnung. Die Vorrausetzung dafür ist eine große Freiheit in der Beweglichkeit, falls sie nicht in einem Kristallit gebunden sind.

Das entspricht einem Zustand höherer Entropie [80]. Diese Knäuelneigung äußert sich als Schwindung längs der Molekülachse und ist damit bei einer hohen Orientierung stark richtungsabhängig [77].

Aus der Schwindung ergeben sich Eigenspannungen aber nur dann, wenn es zu einer Verformungsbehinderung bei homogener Schwindung kommt. Bei Kunststoffen ist dies aufgrund der Molekülorientierung zumindest lokal immer der Fall oder wenn der Werkstoff selbst inhomogen ist, wie bei dem hier verwendeten faserverstärkten duroplastischen Kunststoff. Dabei wird die Schwindung hauptsächlich von den Schwindungseigenschaften der Matrix beeinflusst. Die Verstärkungsfasern bestimmen die Höhe und die konkrete Art der Gestaltänderung bzw. die Richtung der sich einstellenden Verformung [78]. Eine unterschiedliche Schwindungsneigung zwischen den Werkstoffen ist demzufolge die Ursache der Eigenspannungen [81]. Bei vorausgesetzter Faser-Matrix-Haftung behindern die Verstärkungsfasern die Matrixschwindung in Faserlängsrichtung. Senkrecht zur Faserorientierung kann die Matrix relativ frei schwinden. Die makroskopische Schwindung von faserverstärkten Kunststoffen besitzt also eine Vorzugsrichtung, die senkrecht zur Faserorientierung deutlich größer ist als parallel dazu. Im Allgemeinen lassen sich zur Matrixschwindung folgende Aussagen treffen:

- Thermoplaste schwinden stärker als Duroplaste,
- teilkristalline Thermoplaste schwinden stärker als amorphe Thermoplaste,
- verstärkte Kunststoffe schwinden weniger als unverstärkte Kunststoffe.

Eigenspannungen, hervorgerufen durch Schwindung, können durch folgende experimentelle Verfahren festgestellt werden:

1. Abtrage- und Zerlegeverfahren
2. Nutverfahren
3. Ringkernverfahren
4. Bohrlochmethode
5. Tandemfreischnittverfahren
6. Röntgenografie
7. Neutronenbeugung
8. Spannungsoptik- und Moirémethode

9. Ultraschallverfahren

10. magnetische Verfahren.

Die Verfahren 1 bis 5 werden als mechanische Verfahren, 6 und 7 als Beugeverfahren und die Verfahren 8 bis 10 als optische Verfahren bezeichnet. Bei den Verfahren 1 bis 5 wird durch eine mechanische Einwirkung Material abgetragen und somit das Gleichgewicht des eigenspannungsbehafteten Probekörpers gestört, was zu einer messbaren Formänderung führt. Dahingegen sind die Verfahren 6 bis 10 Messverfahren für die aus den Eigenspannungen hervorgehenden Verformungen geeignet [82]. Die Abbildung 5.1 zeigt ein Beispiel von ermittelten Eigenspannungen im Bauteil, bestimmt nach einer Spannungsoptikmethode. Die Farbunterschiede in der Platte stellen ein Maß für Bereiche mit unterschiedlich hohen Eigenspannungen dar.

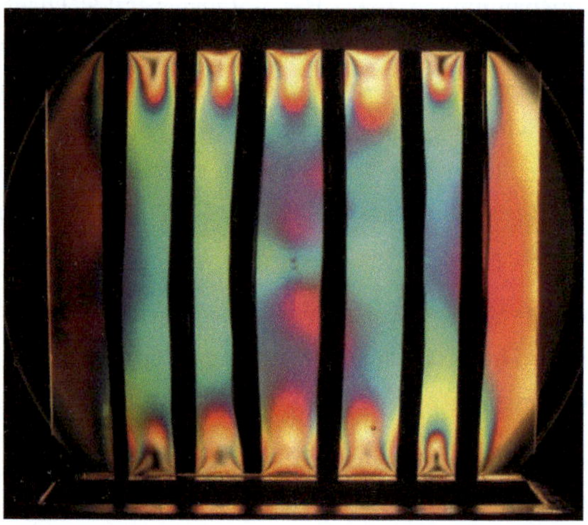

(IFKM, ITM)

Abb. 5.1: Eigenspannungszustand in einer Epoxidharzplatte mit eingebetteten Carbonrovings

Mit den meisten Verfahren lassen sich lediglich das Vorhandensein von Eigenspannungen feststellen und qualitative Aussagen ableiten. Eine gleichzeitig quantitative und qualitative Ermittlung von Eigenspannungen in faserverstärkten Bauteilen ist sehr aufwendig oder zum Teil nicht möglich.

5.1.2   Berechnungsgrundlagen

5.1.2.1   Modellbildung

Für die Modellierung von Faserverbunden gibt es verschiedene Möglichkeiten auf unterschiedlichen Ebenen, wie die der mikromechanischen oder der mesomechanischen Einheitszelle [83] oder der Modellbildung auf der Makro- bzw. Bauteilebene. In der Abbildung 5.2 ist ein Überblick über die verschiedenen Ebenen bei der Modellierung von Faserverbunden gezeigt.

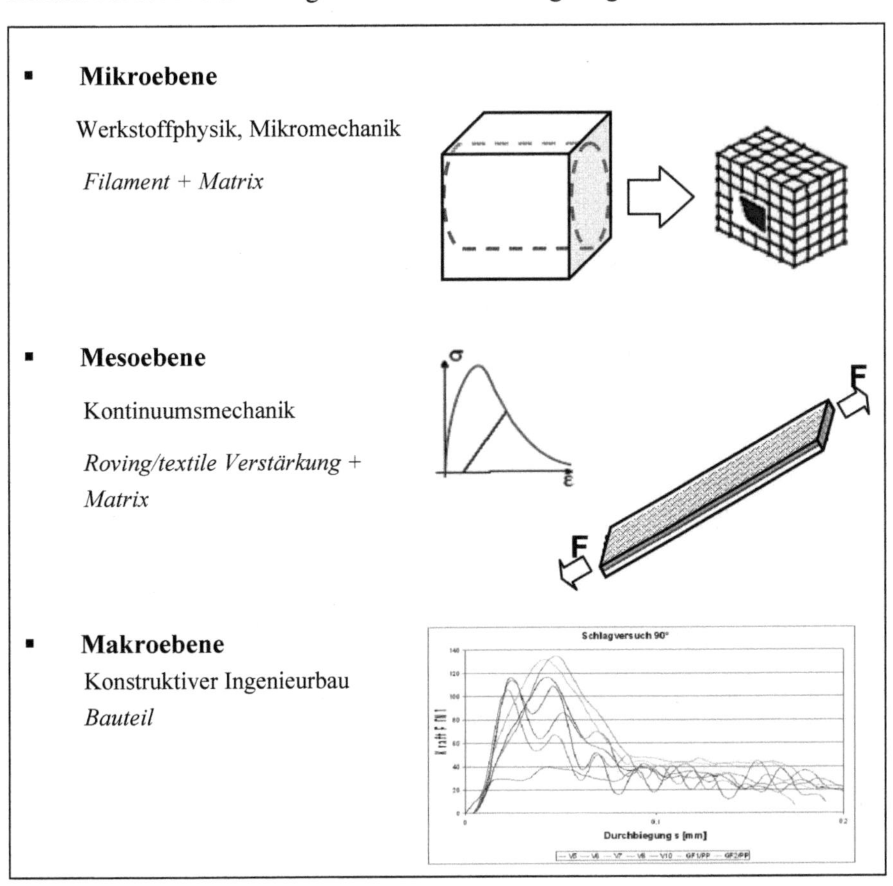

Abb. 5.2: Ebenen bei der Modellierung von Werkstoffen in der FEM [84]

Die mikromechanische Einheitszelle beinhaltet nur eine Faser- und eine definierte, die Faser umgebende, Matrixkomponente oder, unter Verwendung von Symmetriebedingungen, entsprechende Teile davon. Im Bereich der Mikromechanik wird unter der statistischen und der deterministischen Möglichkeit einer Homogenisierung unterschieden. Bei der statistischen Homogenisierung wird von der homogenen Verteilung der Fasern im gesamten Verbund ausgegangen und als regelmäßig angeordnet angenommen. Es wird ein repräsentativer Ausschnitt (repräsentatives Volumenelement RVE) gebildet und die jeweiligen Materialeigenschaften von Faser oder Matrix werden homogenisiert zugewiesen [85]. Die deterministische Homogenisierung geht von einer Idealisierung der statistisch verteilten Anordnung von Fasern oder Filamenten im Verbund aus und bildet eine idealisierte Einheitszelle (RVE) mit den effektiven Werkstoffeigenschaften von Matrix und Faser.

Die mesomechanische Einheitszelle ist der kleinste repräsentative Ausschnitt einer textilen Verstärkung in periodischer Anordnung. Bei einem biaxialverstärkten Gestrick als Verstärkungshalbzeug bedeutet das, dass die Fasern in Kettrichtung, die Fasern in Schussrichtung und die Maschenfäden darzustellen sind. Die Schwierigkeiten bestehen hier in der exakten Darstellung der Fadengeometrien. Die Berechnung effektiver Kennwerte bzw. Eigenschaften dieser Strukturen erfolgt auch über Homogenisierungsverfahren [86].

Die für den konstruktiven Ingenieurbau geeignetste Art der Modellbildung ist die Modellbildung auf Querschnittsebene. Es werden so ganze Bauteile erstellt und vernetzt sowie mit über Homogenisierungsverfahren berechneten effektiven Werkstoffeigenschaften versehen, d. h. mit über das ganze Bauteil gemittelten Kennwerten.

5.1.2.2 Simulation

In dieser Arbeit kommt für die Simulation von mehrschichtigen textilverstärkten Duroplastverbunden mit ANSYS das SHELL91-Element zum Einsatz. Es ist, wie das SHELL99-Element, für die Berechnung von Laminaten mit bis zu 100 Schichten ausgelegt. Im Gegensatz zum SHELL99-Element ist es bis zu einer Schichtanzahl von fünf Schichten besonders geeignet. Des Weiteren ist das SHELL91- gegenüber dem SHELL99-Element entsprechend der Dokumentation von ANSYS generell für große Verschiebungen zu bevorzugen. Den Einzelschichten können verschiedene Schichtdicken und Faserorientierungen sowie richtungsabhängige Materialkennwerte zugewiesen werden. Diese Vorgehensweise entspricht der Modellbildung auf mesomechanischer Beschreibungsebene.

Die Berechnung mit dem SHELL91-Element ist der klassischen Laminattheorie sehr ähnlich, deren Grundlage die klassische Plattentheorie nach KIRCHHOFF-LOVE bildet. Es werden Flächentragwerke behandelt, die im mechanischen Sinne als Platten bezeichnet werden. Damit ein Flächentragwerk als Platte betrachtet werden kann, bedarf es analog zu der Scheibentheorie bestimmter Voraussetzungen. Im Einzelnen sind das die Plattendicke, die im Vergleich zu den anderen beiden Abmessungen klein sein muss, und die geringen Durchbiegungen bzw. Verformungen, im Verhältnis zur Plattendicke. Die Belastungen erfolgen bei einer Platte normal zur Bauteilebene. Gerade Linienabschnitte, die ursprünglich orthogonal auf der Mittelfläche standen, sind auch im verformten Zustand gerade und orthogonal zur verformten Mittelfläche [87]. Des Weiteren können die Normalspannungen σ_z aufgrund der geringen Dicken der Strukturen vernachlässigt werden. Nachteil der klassischen Laminattheorie ist, dass interlaminare Spannungskonzentrationen entlang der freien geraden Ränder und im Bereich freier Ecken eines Laminats, das im Allgemeinen aus unterschiedlichen anisotrop-elastischen Eigenschaften der Laminat-Einzelschichten besteht, nicht erfasst werden [88].

5.1.2.3   Linear thermoelastisches Materialverhalten

Mit dem Elastizitätsgesetz ist es möglich, das Spannungs-Dehnungsverhalten von Festkörpern aus linear elastischen Materialien zu berechnen. Aus von außen wirkenden Beanspruchungen werden die im Material entstehenden Spannungen errechnet.

Das allgemeine HOOKE'sche Gesetz lautet:

$$\sigma_{ij} = C_{ijkl}\varepsilon_{kl} \qquad\qquad i,j,k,l = 1,2,3 \qquad\qquad (5.1)$$

mit dem Spannungstensor σ_{ij}, dem Steifigkeitstensor vierter Stufe C_{ijkl} sowie dem Verzerrungstensor ε_{kl} und hat 81 unabhängige Größen. Aufgrund der Symmetrie des Spannungs- und Verzerrungstensors reduziert sich die Anzahl unabhängiger Größen auf 36 und es gilt:

$$C_{ijkl} = C_{jikl} = C_{ijlk} = C_{jilk} \ . \qquad i,j,k,l = 1,2,3 \tag{5.2}$$

Bei hyperelastischem Material existiert aufgrund der Potentialeigenschaft

$$\frac{\partial^2 W_S}{\partial E_{ij} \partial E_{kl}} = \frac{\partial^2 W_S}{\partial E_{kl} \partial E_{ij}} \tag{5.3}$$

eine Symmetrie des Materialtensors

$$C_{ijkl} = C_{klij} \ , \tag{5.4}$$

aus der eine weitere Reduzierung der unabhängigen Größen auf 21 erfolgt [89].

In der Praxis wird anstelle der Formulierung des verallgemeinerten Deformationsgesetzes (5.1) häufig die VOIGT'sche Notation verwendet [90]:

$$\sigma_\alpha = C_{\alpha\beta} \varepsilon_\beta \ , \tag{5.5}$$

$$\alpha, \beta = 1, \dots, 6$$

$$\varepsilon_\alpha = S_{\alpha\beta} \sigma_\beta \ . \tag{5.6}$$

Dabei wird die Tensorschreibweise des HOOKE'schen Gesetzes für allgemein anisotrope Werkstoffe in die pseudovektorielle Form wie folgt überführt:

$$\begin{bmatrix} \sigma_1 \\ \sigma_2 \\ \sigma_3 \\ \tau_{23} \\ \tau_{13} \\ \tau_{12} \end{bmatrix} = \begin{bmatrix} C_{11} & C_{12} & C_{13} & C_{14} & C_{15} & C_{16} \\ C_{12} & C_{22} & C_{23} & C_{24} & C_{25} & C_{26} \\ C_{13} & C_{23} & C_{33} & C_{34} & C_{35} & C_{36} \\ C_{14} & C_{24} & C_{34} & C_{44} & C_{45} & C_{46} \\ C_{15} & C_{25} & C_{35} & C_{45} & C_{55} & C_{56} \\ C_{16} & C_{26} & C_{36} & C_{46} & C_{56} & C_{66} \end{bmatrix} \begin{bmatrix} \varepsilon_1 \\ \varepsilon_2 \\ \varepsilon_3 \\ \gamma_{23} \\ \gamma_{13} \\ \gamma_{12} \end{bmatrix} \tag{5.7}$$

mit der Symmetrie von Steifigkeitsmatrix (C_{ij}) und der Verwendung eines hyperelastischen Materials sowie des Weiteren mit:

$$\begin{bmatrix} \sigma_1 \\ \sigma_2 \\ \sigma_3 \\ \sigma_4 \\ \sigma_5 \\ \sigma_6 \end{bmatrix} = \begin{bmatrix} \sigma_1 \\ \sigma_2 \\ \sigma_3 \\ \tau_{23} \\ \tau_{13} \\ \tau_{12} \end{bmatrix} \qquad (5.8)$$

und

$$\begin{bmatrix} \varepsilon_1 \\ \varepsilon_2 \\ \varepsilon_3 \\ \varepsilon_4 \\ \varepsilon_5 \\ \varepsilon_6 \end{bmatrix} = \begin{bmatrix} \varepsilon_1 \\ \varepsilon_2 \\ \varepsilon_3 \\ \gamma_{23} \\ \gamma_{13} \\ \gamma_{12} \end{bmatrix} . \qquad (5.9)$$

Eine Inversion der Gleichung (5.7) ergibt mit der Beziehung $C_{ij} = S_{ij}^{-1}$ für allgemein anisotropes Materialverhalten:

$$\begin{bmatrix} \varepsilon_1 \\ \varepsilon_2 \\ \varepsilon_3 \\ \gamma_{23} \\ \gamma_{13} \\ \gamma_{12} \end{bmatrix} = \begin{bmatrix} S_{11} & S_{12} & S_{13} & S_{14} & S_{15} & S_{16} \\ S_{12} & S_{22} & S_{23} & S_{24} & S_{25} & S_{26} \\ S_{13} & S_{23} & S_{33} & S_{34} & S_{35} & S_{36} \\ S_{14} & S_{24} & S_{34} & S_{44} & S_{45} & S_{46} \\ S_{15} & S_{25} & S_{35} & S_{45} & S_{55} & S_{56} \\ S_{16} & S_{26} & S_{36} & S_{46} & S_{56} & S_{66} \end{bmatrix} \begin{bmatrix} \sigma_1 \\ \sigma_2 \\ \sigma_3 \\ \tau_{23} \\ \tau_{13} \\ \tau_{12} \end{bmatrix} . \qquad (5.10)$$

Betrachtet werden nun zusätzlich die Ausdehnungen α_{ij}, infolge Temperaturänderung, und Quellungen β_{ij}, infolge Medieneinwirkung, sowie die schwindungsbedingten Verzerrungen ε_i^S und γ_{ij}^S. Daraus folgt das erweiterte Stoffgesetz für anisotropes Werkstoffverhalten:

$$\begin{bmatrix} \varepsilon_1 \\ \varepsilon_2 \\ \varepsilon_3 \\ \gamma_{23} \\ \gamma_{13} \\ \gamma_{12} \end{bmatrix} = \begin{bmatrix} S_{11} & S_{12} & S_{13} & S_{14} & S_{15} & S_{16} \\ S_{12} & S_{22} & S_{23} & S_{24} & S_{25} & S_{26} \\ S_{13} & S_{23} & S_{33} & S_{34} & S_{35} & S_{36} \\ S_{14} & S_{24} & S_{34} & S_{44} & S_{45} & S_{46} \\ S_{15} & S_{25} & S_{35} & S_{45} & S_{55} & S_{56} \\ S_{16} & S_{26} & S_{36} & S_{46} & S_{56} & S_{66} \end{bmatrix} \begin{bmatrix} \sigma_1 \\ \sigma_2 \\ \sigma_3 \\ \tau_{23} \\ \tau_{13} \\ \tau_{12} \end{bmatrix} + \begin{bmatrix} \alpha_1 \\ \alpha_2 \\ \alpha_3 \\ \alpha_{23} \\ \alpha_{13} \\ \alpha_{12} \end{bmatrix} \Delta T + \begin{bmatrix} \beta_1 \\ \beta_2 \\ \beta_3 \\ \beta_{23} \\ \beta_{13} \\ \beta_{12} \end{bmatrix} \Delta M + \begin{bmatrix} \varepsilon_1^S \\ \varepsilon_2^S \\ \varepsilon_3^S \\ \gamma_{23}^S \\ \gamma_{13}^S \\ \gamma_{12}^S \end{bmatrix} , \qquad (5.11)$$

mit der Temperaturänderung ΔT und der relativen Medienkonzentration $\Delta M = M - M_0$ (M_0 - spannungsfreier Referenzzustand) [92]. Für orthotropes Werkstoffverhalten kommt es im Hauptachsensystem (1, 2, 3) zu einer Entkopplung der Normalspannungen von den Schubverzerrungen und den Schubspannungen [85]:

$$
\begin{bmatrix} \varepsilon_1 \\ \varepsilon_2 \\ \varepsilon_3 \\ \gamma_{23} \\ \gamma_{13} \\ \gamma_{12} \end{bmatrix} = \begin{bmatrix} S_{11} & S_{12} & S_{13} & 0 & 0 & 0 \\ S_{12} & S_{22} & S_{23} & 0 & 0 & 0 \\ S_{13} & S_{23} & S_{33} & 0 & 0 & 0 \\ 0 & 0 & 0 & S_{44} & 0 & 0 \\ 0 & 0 & 0 & 0 & S_{55} & 0 \\ 0 & 0 & 0 & 0 & 0 & S_{66} \end{bmatrix} \begin{bmatrix} \sigma_1 \\ \sigma_2 \\ \sigma_3 \\ \tau_{23} \\ \tau_{13} \\ \tau_{12} \end{bmatrix} + \begin{bmatrix} \alpha_1 \\ \alpha_2 \\ \alpha_3 \\ 0 \\ 0 \\ 0 \end{bmatrix} \Delta T + \begin{bmatrix} \beta_1 \\ \beta_2 \\ \beta_3 \\ 0 \\ 0 \\ 0 \end{bmatrix} \Delta M + \begin{bmatrix} \varepsilon_1^S \\ \varepsilon_2^S \\ \varepsilon_3^S \\ 0 \\ 0 \\ 0 \end{bmatrix}. \tag{5.12}
$$

Eine weitere Vereinfachung ist für unidirektional verstärkte Einzelschichten das transversal isotrope Materialverhalten mit $E_2 = E_3$; $G_{12} = G_{13}$; $\nu_{12} = \nu_{13}$:

$$
\begin{bmatrix} \varepsilon_1 \\ \varepsilon_2 \\ \varepsilon_3 \\ \gamma_{23} \\ \gamma_{13} \\ \gamma_{12} \end{bmatrix} = \begin{bmatrix} S_{11} & S_{12} & S_{12} & 0 & 0 & 0 \\ S_{12} & S_{22} & S_{23} & 0 & 0 & 0 \\ S_{12} & S_{23} & S_{22} & 0 & 0 & 0 \\ 0 & 0 & 0 & S_{44} & 0 & 0 \\ 0 & 0 & 0 & 0 & S_{55} & 0 \\ 0 & 0 & 0 & 0 & 0 & S_{55} \end{bmatrix} \begin{bmatrix} \sigma_1 \\ \sigma_2 \\ \sigma_3 \\ \tau_{23} \\ \tau_{13} \\ \tau_{12} \end{bmatrix} + \begin{bmatrix} \alpha_1 \\ \alpha_2 \\ \alpha_3 \\ 0 \\ 0 \\ 0 \end{bmatrix} \Delta T + \begin{bmatrix} \beta_1 \\ \beta_2 \\ \beta_3 \\ 0 \\ 0 \\ 0 \end{bmatrix} \Delta M + \begin{bmatrix} \varepsilon_1^S \\ \varepsilon_2^S \\ \varepsilon_3^S \\ 0 \\ 0 \\ 0 \end{bmatrix}. \tag{5.13}
$$

Mit dieser vereinfachten Form des allgemeinen Stoffgesetzes und der Schreibweise in den sogenannten Ingenieurskonstanten sowie den Symmetrieauswirkungen durch den Sonderfall transversale Isotropie der Orthotropie folgt [91-93]:

$$
\begin{bmatrix} \varepsilon_1 \\ \varepsilon_2 \\ \varepsilon_3 \\ \gamma_{23} \\ \gamma_{13} \\ \gamma_{12} \end{bmatrix} = \begin{bmatrix} \dfrac{1}{E_1} & \dfrac{-\nu_{12}}{E_1} & \dfrac{-\nu_{12}}{E_1} & 0 & 0 & 0 \\[2mm] \dfrac{-\nu_{12}}{E_1} & \dfrac{1}{E_2} & \dfrac{-\nu_{23}}{E_2} & 0 & 0 & 0 \\[2mm] \dfrac{-\nu_{12}}{E_1} & \dfrac{-\nu_{23}}{E_2} & \dfrac{1}{E_2} & 0 & 0 & 0 \\[2mm] 0 & 0 & 0 & \dfrac{1}{G_{23}} & 0 & 0 \\[2mm] 0 & 0 & 0 & 0 & \dfrac{1}{G_{12}} & 0 \\[2mm] 0 & 0 & 0 & 0 & 0 & \dfrac{1}{G_{12}} \end{bmatrix} \begin{bmatrix} \sigma_1 \\ \sigma_2 \\ \sigma_3 \\ \tau_{23} \\ \tau_{13} \\ \tau_{12} \end{bmatrix} + \begin{bmatrix} \alpha_1 \\ \alpha_2 \\ \alpha_3 \\ 0 \\ 0 \\ 0 \end{bmatrix} \Delta T + \begin{bmatrix} \beta_1 \\ \beta_2 \\ \beta_3 \\ 0 \\ 0 \\ 0 \end{bmatrix} \Delta M + \begin{bmatrix} \varepsilon_1^S \\ \varepsilon_2^S \\ \varepsilon_3^S \\ 0 \\ 0 \\ 0 \end{bmatrix}. \tag{5.14}
$$

Durch die Beziehung:

$$G_{23} = \frac{E_2}{2 \cdot (1 + \nu_{23})} \tag{5.15}$$

und das bei der ebenen Betrachtung mit dem SHELL91-Element von ANSYS ν_{23} nicht benötigt wird, reduziert sich die Bestimmung der mechanischen Kennwerte auf die 4 Elastizitätsgrößen E_1, E_2, ν_{12} und G_{12}.

5.1.3 Stabilitätsprobleme

Stabilitätsprobleme sind dadurch charakterisiert, dass einem definierten Belastungszustand mehrere Gleichgewichtslagen zugeordnet werden können, die gegenüber Störungen unterschiedlicher Art, z. B. mechanisch oder temperaturbedingt, mehr oder weniger beständig sein können. Hervorzuheben ist, dass die zum Stabilitätsverlust führenden Beanspruchungen nicht nur aus den äußeren mechanischen Beanspruchungen resultieren, sondern durch eine Kombination von äußeren und „werkstoffinneren" Beanspruchungen verursacht werden, die sich infolge herstellungs- und umgebungsbedingter Einflüsse ergeben. Es gibt zwei Klassifizierungen für diese Mehrdeutigkeit von Stabilitätsproblemen – das Durchschlagsproblem und das Verzweigungsproblem.

Beim Durchschlagsproblem werden alle Gleichgewichtszustände im Last-Verschiebungsdiagramm durch Extremwerte in nur einem einzigen Pfad, also ohne eine Verzweigung, angezeigt. Beim Erreichen einer Grenzlast F_{Gr} geht das System von einer Gleichgewichtslage in eine neue Gleichgewichtslage über, siehe Abbildung 5.3. Der Bereich vor der Grenzlast F_{Gr} oder der kritischen Last F_{kr} wird als Vorbeulbereich und der Bereich danach als Nachbeulbereich bezeichnet. Das Verformungsverhalten ist im Vorbeulbereich bei Durchschlagsproblemen in der Regel nichtlinear [92].

Verzweigungsprobleme werden durch eine Verzweigung des Gleichgewichtspfades im Last-Verschiebungsdiagramm charakterisiert. Der primäre Gleichgewichtspfad verzweigt sich dabei beim Überschreiten der kritischen Last F_{kr} in einen sekundären Ast, somit tritt die oben erwähnte Mehrdeutigkeit ein. Die

Verzweigungsprobleme werden weiterhin in zwei Klassen eingeteilt, die linearen und die nichtlinearen Verzweigungsprobleme (siehe Abbildung 5.3). Gemeinsamkeiten bestehen hier im Nachbeulbereich, auch überkritischer Bereich genannt. Hier liegt sowohl bei den linearen wie auch bei den nichtlinearen Verzweigungsproblemen ein nichtlineares Verformungsverhalten vor. Die Unterschiede bestehen im Vorbeulbereich oder unterkritischen Bereich, d. h. vor Erreichen der kritischen Last F_{kr}. Sind die Verformungen in diesem Bereich so klein, dass sie mit einem linearen Deformationsverhalten hinreichend genau beschrieben werden können, wird von einem linearen Verzweigungsproblem gesprochen. Im Gegensatz dazu sind bei einem nichtlinearen Verzweigungsproblem schon in diesem Bereich die Verformungen so groß, dass ein nichtlineares Deformationsverhalten zugrunde gelegt werden muss [92].

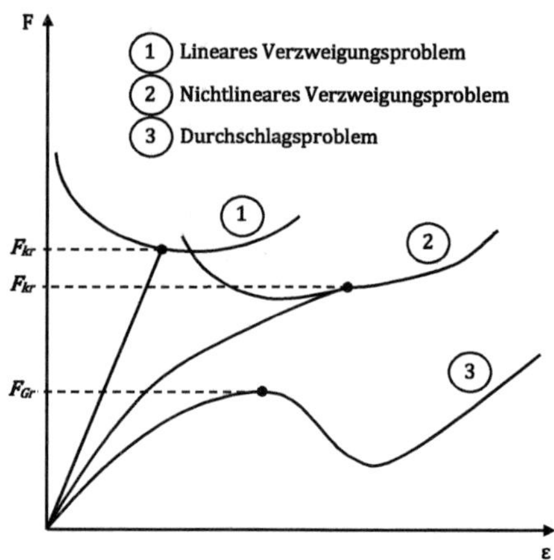

Abb. 5.3: Darstellung grundsätzlicher Stabilitätsprobleme [92]

Für die Bewertung von Gleichgewichtszuständen unsymmetrischer Mehrschichtverbunde ist es vorteilhaft, ein energetisches Kriterium heranzuziehen. Hierbei wird dem stabilen Gleichgewicht ein energetisches Minimum des elastischen Gesamtpotentials (potentielle Energie) zugeordnet. Die Änderung des elastischen Gesamtpotentials kann daher als ein Maß des Arbeitsaufwandes bzw. Verlustes der das Gleichgewicht störenden äußeren Kräfte angesehen werden. Das elastische Gesamtpotential Π ergibt sich aus der Summe der potentiellen Energie der inneren Kräfte Π_i, oder auch Schnittkräfte, und der potentiellen Energie der äußeren Belastungen Π_a

$$\Pi = \Pi_i + \Pi_a \, . \tag{5.16}$$

Es wird nur im Anfangs- oder Endpunkt des Verformungsweges betrachtet. Im Gleichgewichtszustand ist die erste Variation der Gleichung gleich Null

$$\delta\Pi_i + \delta\Pi_a = \delta(\Pi_i + \Pi_a) = \delta\Pi = 0 \, . \tag{5.17}$$

Weiterhin ist es notwendig, die Art des Gleichgewichts, stabil oder instabil, zu bestimmen. Dies geschieht indem nicht mehr nur die erste Variation des Gesamtpotentials betrachtet wird, sondern auch die Variationen höherer Ordnung. Bei einer Funktion mit einer Veränderlichen ergibt sich somit:

$$\Pi(x) \rightarrow \Pi(x + \delta x) \, , \tag{5.18}$$

$$\Pi(x + \delta x) = \Pi(x) + \Delta\Pi \, . \tag{5.19}$$

Die Änderung des elastischen Gesamtpotentials $\Delta\Pi$ kann als Reihe entwickelt werden

$$\Delta\Pi = \delta\Pi + \frac{1}{2!}\delta^2\Pi + \frac{1}{3!}\delta^3\Pi + \cdots \, . \tag{5.20}$$

Wie oben erwähnt ist die erste Variation $\delta\Pi$ des Gesamtpotentials im Gleichgewichtszustand gleich 0. Daraus folgt:

$$\Delta\Pi = \frac{1}{2!}\delta^2\Pi + \frac{1}{3!}\delta^3\Pi + \cdots \, . \tag{5.21}$$

Um die Art des Gleichgewichtszustandes zu ermitteln, wird die Variation zweiter Ordnung betrachtet. Die Variationen höherer Ordnung werden vernachlässigt, da sie gegenüber $\delta^2\Pi$ klein sind. Die Stabilität des jeweiligen Gleichgewichtszustandes muss dann mithilfe der zweiten Variation $\delta^2\Pi$ geprüft werden, dabei gilt [94]:

$$\delta^2\Pi > 0: \qquad \text{stabiler Gleichgewichtszustand,} \tag{5.22}$$

$$\delta^2\Pi = 0: \qquad \text{indifferenter Gleichgewichtszustand,} \tag{5.23}$$

$$\delta^2\Pi < 0: \qquad \text{instabiler Gleichgewichtszustand.} \tag{5.24}$$

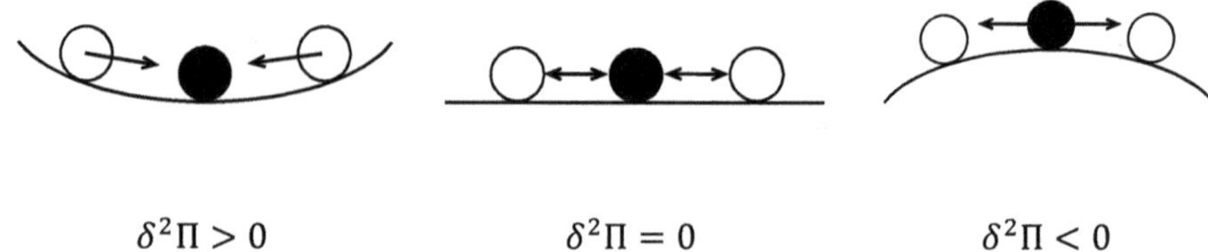

$$\delta^2\Pi > 0 \qquad\qquad \delta^2\Pi = 0 \qquad\qquad \delta^2\Pi < 0$$

Abb. 5.4: Gleichgewichtszustände [92]

Im indifferenten Gleichgewichtszustand ist es notwendig, schrittweise auch die Variationen höherer Ordnung, also 3., 4. usw., für die eindeutige Ermittlung der Art des speziellen Gleichgewichtszustandes zu betrachten. Die Stabilitätsuntersuchung hinsichtlich eines Durchschlagens von Verbundstrukturen erfolgt hier nicht über die Betrachtung des Gesamtpotentials, sondern mithilfe einer geometrisch nichtlinearen FE-Berechnung.

5.2   Modellierungsansatz

Für die werkstoffmechanische Beschreibung der verwendeten Verstärkungshalbzeuge ist eine geeignete Strukturebene zu wählen. Für die hier verwendeten biaxial-verstärkten Gestrickstrukturen wird die mesomechanische Beschreibungsebene gewählt (vgl. dazu Abbildung 5.2). Dabei wird das Materialverhalten des FVW auf der anisotropen Einzelschichtebene beschrieben, die zu einem Schichtverbund zusammengefügt werden. Für die verwendeten biaxial-verstärkten Gestrickstrukturen lässt sich die Textilarchitektur in n idealisierte unidirektionale (UD) Einzelschichten zerlegen, beispielhaft ist dies in Abbildung 5.5 zu sehen. Die Gestricke weisen mehrere Lagen gestreckt liegende Verstärkungsfäden auf, wobei jede dieser Gestricklagen als Schicht im Verbund transversal-isotrope sowie quasihomogene Eigenschaften hat. Das Materialverhalten wird beeinflusst durch die mechanischen Eigenschaften der Matrix und der Fasern, deren Volumenanteil und Orientierung. Die effektiven Materialkennwerte der Einzelschicht werden wie im Abschnitt 5.1.2 erläutert berechnet und es entsteht nach der Homogenisierung im makroskopischen Sinn ein homogener Schichtverbund mit quasihomogenen Eigenschaften [93-95]. Der Einfluss von z-Verstärkungsfäden

(Maschenfaden) wird vernachlässigt, da deren Volumenanteil mit 3,6% pro Einzelschicht sehr gering ist. Für die durchzuführende Simulation werden folgende Annahmen getroffen:

- Die mechanischen effektiven Materialkennwerte der UD-Einzelschichten lassen sich, in Abhängigkeit der mechanischen Eigenschaften des Faser- und Matrixmaterials, aus den klassischen Mischungsregeln oder experimentellen Untersuchungen hinreichend genau ermitteln.
- Die UD-Einzelschicht der Mehrschichtverbundstrukturen weist transversal isotropes Materialverhalten auf.
- Bei der Verformung der Verbundstrukturen treten keine irreversiblen Verformungen und Schädigungen auf bzw. sind diese vernachlässigbar klein.

Die für die Modellierung benötigten Materialparameter sind mit Hilfe geeigneter Prüfmethoden experimentell bestimmbar.

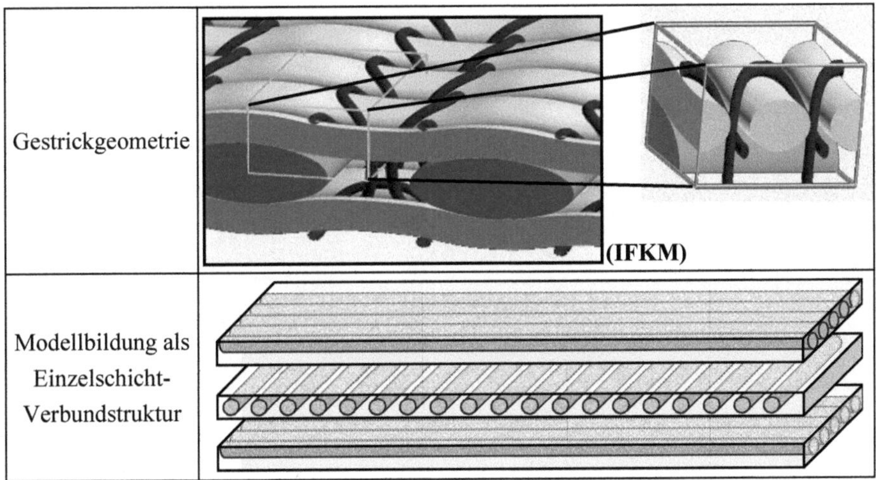

Abb. 5.5: Zerlegung der Textilarchitektur in unidirektional verstärkte Einzelschichten

5.3   Prüfkörperherstellung und Prüfmethoden

Für die experimentellen Untersuchungen zur Verifizierung der FE-Berechnungen werden Prüfkörper verwendet, die alle in einer RTM-Laboranlage des ITM hergestellt sind. Dabei kommen für die Herstellung der Prüfkörper ein Vinylesterharz DION 9100-700 als Matrixmaterial und Verstärkungshalbzeuge aus Glasfasern zum Einsatz. Als Verstärkungshalbzeug dienen eine biaxial-verstärkte Gestrickstruktur, die später näher erläutert wird, sowie ein Schussgestrick. In Abbildung 5.6 ist die verwendete RTM-Laboranlage mit einer eingelegten Gestricklage dargestellt. Es werden Verbundstrukturen mit einer unterschiedlichen Zahl an Verstärkungslagen (Einzelschichten) hergestellt. Zur Bestimmung der mechanischen Kennwerte der Einzelschichten werden Schussgestricke eingesetzt. Unter Berücksichtigung der Faser-Volumen-Verhältnisse (tragender Glasquerschnitt) werden aus den gemessenen Kennwerten der Verbundstrukturen mit Schussgestricken die mechanischen Kennwerte der Einzelschichten der biaxial-verstärkten Gestricke berechnet und mit den Kennwerten, erhalten durch die Anwendung der Mischungsregeln, verglichen.

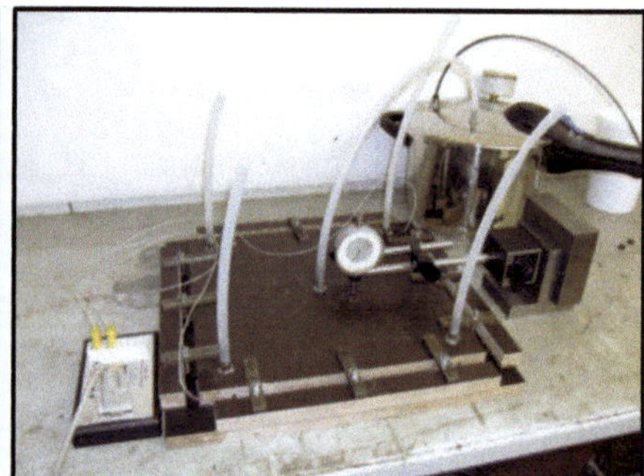

Abb. 5.6: RTM-Laboranlage, offenes (links) und geschlossenes (rechts) RTM-Werkzeug

Bei den mehrschichtigen Verbunden mit unsymmetrischem Aufbau der Verstärkungsfadenlagen oder stark variierenden Faservolumengehalten in den Einzelschichten entsteht eine gekrümmte Verbundstruktur (Wölbung), wie in Abbildung 5.7 dargestellt. Dies wird verursacht durch den Matrixschwund, dem die Verstärkungsfasern eine Vorzugsrichtung geben. Die sich dabei ausprägende Krümmung hat eine Vorzugsrichtung in der Art, dass sich von der neutralen Linie aus betrachtet die Seite mit einem größeren Faservolumengehalt als Druckseite ausbildet. An diesen gekrümmten Verbundstrukturen werden die experimentellen Stabilitätsuntersuchungen, speziell das Durchschlagsproblem, zur Verifizierung der Simulation durchgeführt.

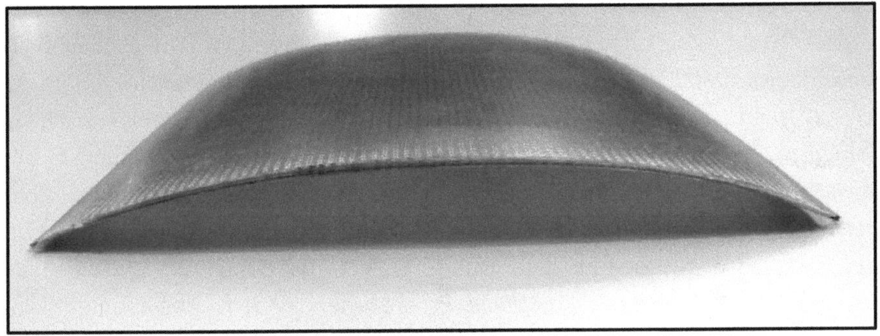

Abb. 5.7: gekrümmte Verbundstruktur mit eingebetteten Verstärkungshalbzeugen

Für die Verifizierung der FE-Berechnungen werden Prüfeinrichtungen bzw. -methoden angewendet, die die Modelle möglichst genau abbilden. Zu diesem Zweck wird eine neu konstruierte Druckprüfeinrichtung verwendet, wie sie in Abbildung 5.8 dargestellt ist. Die Versuche werden an der Zugprüfmaschine Z100 der Firma Zwick & Roell GmbH in den Prüflaboren des ITM durchgeführt. Der komplette Versuchsaufbau besteht aus der Druckprüfeinrichtung, der Zug-prüfmaschine Z100 und dem Prüfkörper.

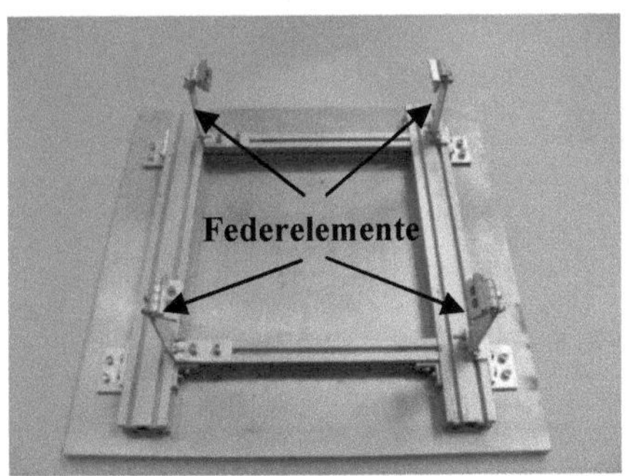

Abb. 5.8: Druckprüfeinrichtung vor (links) und während der Prüfung (rechts)

Der verwendete Druckstempel ist ein Bolzen nach DIN-EN-ISO 8375, der durch seine gekrümmte Stirnfläche eine minimale Krafteinleitungsfläche gewährleistet. Die Auflage der Prüfkörper auf der Druckprüfeinrichtung ist ebenfalls so minimal wie möglich gestaltet, um eine Verformungsbehinderung der Prüfkörper, besonders bei den doppelt gekrümmten Platten, zu vermeiden. Aus dem gleichen Grund sind die Auflagewinkel an Scharnieren befestigt. Dadurch ist es möglich, einen großen Öffnungswinkel einzustellen, sodass die Verformung der Platten beim Umschlagen in andere Gleichgewichtszustände nicht behindert wird. Um die Art der Lagerung variieren zu können, werden drei verschiedene Arten von Federelementen (zwei unterschiedlich dicke Glas/Polypropylen-Federvarianten und eine Stahl-Federvariante) verwendet. Um eine möglichst große Flexibilität hinsichtlich der Größe der zu prüfenden Probekörper zu gewährleisten, sind die vier Halterungen auf Profilen der Firma M&K befestigt. Durch die Verschiebbarkeit der Halterungen ist es möglich, Probekörper mit den Abmessungen von 20x20 mm^2 bis zu 300x300 mm^2 zu prüfen.

5.4   Simulation und Verifikation

5.4.1   Bestimmung mechanischer und thermischer Kennwerte

Zu Beginn der Berechnungen ist es notwendig, die mechanischen Kennwerte (E-Modul) des verwendeten Vinylesterharzes und der Verbundstrukturen mit den Schussgestricken als Grundlage für die Simulationen zu bestimmen. Für die E-Modulbestimmung des Vinylesterharzes werden zwei Reinharzplatten mit unterschiedlichem Härteranteil, 2% und 3% Masseanteil, angefertigt. Aus diesen werden nach DIN EN ISO 527-4 jeweils fünf genormte Zugproben hergestellt und geprüft. In Tabelle 5-1 sind die ermittelten Kennwerte bei der Prüfung der Reinharzplatten dargestellt.

Tabelle 5-1: E-Moduli der Vinylester-Reinharzplatten

	Plattendicke d/mm	E-Modul E/MPa	95%iger-Vertrauensbereich E/MPa
2% Härter	2,55	2 771,6	254,9
3% Härter	2,44	2 626,5	401,6

Aufgrund des großen Vertrauensbereichs kann nicht eindeutig festgestellt werden, wie groß der Einfluss des Härteranteils auf den E-Modul ist. Für die Simulation wird deshalb ein gemittelter E-Modul für die Matrixkomponente Vinylesterharz von 2 700 MPa verwendet. Die textilen Parameter der verwendeten Schussgestricke und die Faservolumengehalte der daraus hergestellten Verbundstrukturen sind in Tabelle 5-2 aufgelistet.

Tabelle 5-2: Parameter der Schussgestricke und der Verbundstruktur

Schussfadenmaterial	Schussfadenfeinheit Tt/tex	Maschenfadenmaterial	Maschenfadenfeinheit Tt/tex	Flächenmasse $m_A/g \cdot m^{-2}$	Glasfaservolumenanteil der Verbundstruktur V_{Faser}/%		
					1	2	3
Glas	1 200	Polypropylen	32	1 212,4	22,4	13,8	30,2

Es werden drei Platten in zwei Verbundstrukturvarianten hergestellt. Zwei Platten mit einer Lage Schussgestrick (Verbundstruktur 1 und 2) und eine Platte mit zwei um 90° gedrehten Schussgestricklagen (Verbundstruktur 3), die eine biaxialverstärkte Verbundstruktur ohne Verbindung der zwei Verstärkungsebenen durch einen Maschenfaden abbildet. Die zwei Platten mit einer Lage Schussgestrick als Verstärkungshalbzeug sind zur E-Modulermittlung der 0°- und 90°-Richtung erforderlich. Im Anschluss an die Konsolidierung der Platten werden diese in Zugproben zerteilt und nach DIN EN ISO 527-4 geprüft. Die Ergebnisse des Zugversuchs an den Verbundstrukturen, verstärkt mit Schussgestricken, sind in Tabelle 5-3 gezeigt.

Tabelle 5-3: Ermittelte E-Moduli der Verbundstrukturen mit Schussgestrick

Verbundstruktur	Plattendicke d/mm	E-Modul E/MPa	Vertrauensbereich E/MPa
1	2,13	15 916,4	607,7
2	3,47	3 231,0	327,4
3	3,16	12 050,9	1 292,4

Diese Ergebnisse werden mit denen der theoretischen E-Modulbestimmung über die Anwendung der sogenannten Mischungsregeln verglichen. Mit den Mischungsregeln werden aus den E-Moduli des Faser- und des Matrixmaterials in den jeweiligen Volumenanteilen die E-Moduli der Verbundstruktur in den Richtungen waagerecht (parallel, Index 1) und senkrecht (quer, Index 2) zu den Verstärkungsfasern berechnet. Die Anwendung der Mischungsregeln setzt die Kenntnis des Faservolumengehaltes φ voraus. Des Weiteren werden mit den Mischungsregeln die mechanischen Kennwerte Querkontraktionszahl v und Schubmodul G bestimmt. Für die benötigten mechanischen Kennwerte lauten diese:

$$E_1 = E_F \cdot \varphi + E_M \cdot (1 - \varphi) \tag{5.25}$$

E_1 – E-Modul parallel zur Faserrichtung, E_1/MPa
E_F – E-Modul der Verstärkungsfaser, E_F/MPa
E_M – E-Modul der Matrix, E_M/MPa
φ – Faservolumengehalt, $\varphi \in [0,1]$

$$E_2 = E_3 = \frac{E_F \cdot E_M}{E_M \cdot \varphi + E_F \cdot (1 - \varphi)} \tag{5.26}$$

E_2 – E-Modul quer (y) zur Faserrichtung, E_2/MPa
E_3 – E-Modul quer (z) zur Faserrichtung, E_3/MPa

$$v_{12} = v_F \cdot \varphi + v_M \cdot (1 - \varphi) \tag{5.27}$$

v_{12} – Querkontraktionszahl längs/quer, (einheitenlos)
v_F – Querkontraktionszahl Verstärkungsfaser, (einheitenlos)
v_M – Querkontraktionszahl Matrix, (einheitenlos)

$$G_{F/M} = \frac{E_{F/M}}{2 \cdot (1 + v_{F/M})} \tag{5.28}$$

G_F – Schubmodul Verstärkungsfaser, G_F/MPa
G_M – Schubmodul Matrix, G_M/MPa
v – Querkontraktionszahl, (einheitenlos)

$$G_{12} = \frac{G_F \cdot G_M}{G_M \cdot \varphi + G_F \cdot (1 - \varphi)} \cdot \tag{5.29}$$

G_{12} – Schubmodul längs/quer, G_{12}/MPa

Mit den Mischungsregeln werden auch die theoretischen Kennwerte der biaxial-verstärkten Verbundstruktur bestimmt. Die textilen Parameter und der berechnete Faservolumengehalt der biaxial-verstärkten Verbundstruktur sind in der Tabelle 5-4 aufgelistet.

Tabelle 5-4: Parameter der Biaxial-Gestricke und der Verbundstruktur

	Schuss	Kette	Masche
Material	Glas	Glas	Glaszwirn
Fadenfeinheit Tt/tex	1 200	2 400	3x34
Flächenmasse der Gestrick-Einzelschicht m_A/g·m^{-2}	391,7	724,3	
Glasfaservolumenanteil der Verbund-Einzelschicht V_{Faser}/%	16,3	28,0	

Die von den Herstellern angegebenen Ausgangskennwerte und die berechneten effektiven Materialkennwerte sind für die Verbundstrukturen mit den Verstärkungshalbzeugen Schussgestrick und biaxial-verstärktes Gestrick in der Tabelle 5-5 dargestellt.

Tabelle 5-5: Mechanische Kennwerte der Verbundstrukturen

Herstellerangaben			
	E-Modul E/MPa	Dichte ρ/g·cm^{-3}	Querkontrak-tionszahl v	Schubmodul G/MPa
Glasfaser	73 000,0	2,54	0,30	29 200,0
Vinylesterharz	2 700,0	1,06	0,25	1 038,5

Analytisch bestimmte Kennwerte				biaxial-verstärkt	
Struktur	1	2	3	Schuss	Kette
φ_{Glas}	0,224	0,138	0,151	0,163	0,280
E_1/MPa	18 447,2		13 315,3	14 179,0	22 435,5
E_2/MPa		3 113,8		3 203,8	3 700,4
v_{12}	0,261	0,255	0,257	0,258	0,264
G_{12}/MPa	1 324,6	1 197,9	1 215,5	1 232,6	1 424,0

Der Faservolumengehalt für den Schichtverbund der Struktur 3 ist für die Ermittlung der effektiven Materialkennwerte der Einzelschicht halbiert worden. Die experimentelle Ermittlung der mechanischen Kennwerte der Verbundstrukturen mit dem Verstärkungshalbzeug Schussgestrick dient lediglich zum Vergleich mit den analytischen Kennwerten aus den Mischungsregeln. In der Abbildung 5.9 ist dieser Vergleich grafisch veranschaulicht. Es ist zu erkennen, dass die Kennwerte einen ähnlichen Verlauf aufweisen. Die experimentell ermittelten E-Moduli sind etwas niedriger, was an den nicht vollständig ideal ausgerichteten Verstärkungsfasern im Verbund liegt und mit den Erkenntnissen einhergeht, wie sie vielfach in der Literatur beschrieben sind. Alle für die Simulation benötigten Kennwerte werden im Weiteren über die Mischungsregeln berechnet, da zum einen der experimentelle Untersuchungsaufwand zu groß und zum anderen bei den biaxialverstärkten Gestricken keine Untersuchung der Einzelschichten möglich ist.

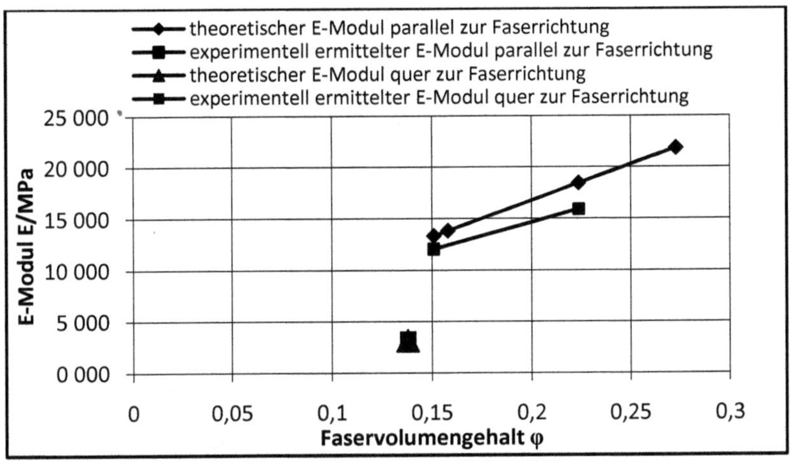

Abb. 5.9: Vergleich der experimentell und analytisch ermittelten E-Moduli

Für die Berechnung der unterschiedlichen thermischen Ausdehnungen gibt es mehrere Möglichkeiten. Dabei unterscheiden sich die Ansätze immer bei der Berechnung des thermischen Ausdehnungskoeffizienten quer zur Faserrichtung. Der thermische Ausdehnungskoeffizient parallel zur Faserrichtung berechnet sich wie folgt:

$$\alpha_1 = \frac{\alpha_M \cdot E_M \cdot (1 - \varphi) + \alpha_F \cdot E_F \cdot \varphi}{E_1} \ . \tag{5.30}$$

α_1 – Thermischer Ausdehnungskoeffizient parallel zur Faserrichtung, α_1/K^{-1}

α_M – Thermischer Ausdehnungskoeffizient Matrix, α_M/K^{-1}

α_F – Thermischer Ausdehnungskoeffizient Verstärkungsfaser, α_F/K^{-1}

Für die Berechnung des thermischen Ausdehnungskoeffizienten quer zur Faserrichtung (α_2 und α_3) gibt es mehrere Möglichkeiten, wobei hier nur auf vier Berechnungsmethoden eingegangen wird. Dabei unterscheiden sich die einzelnen Berechnungsmethoden in der Berücksichtigung von Kurz-, Lang- und Endlosfaserverstärkung sowie in der unterschiedlichen Ausdehnung der Verstärkungsfasern in Längs- und Querrichtung. Darüber hinausgehende Ansätze liefern z. B.

COX [97] und SCHARPERY [98]. Der thermische Ausdehnungskoeffizient α_2 quer zur Faserrichtung kann nach den vier folgenden Gleichungen berechnet werden:

$$\alpha_2 = \alpha_F \cdot \varphi + \alpha_M \cdot (1 - \varphi) + \frac{(\alpha_F - \alpha_M) \cdot (v_F \cdot E_M + v_M \cdot E_F) \cdot \varphi \cdot (1 - \varphi)}{E_1} \qquad \begin{array}{r} (5.31) \\ [78] \end{array}$$

$$\alpha_2 = \alpha_{F\perp} \cdot \varphi + \alpha_M \cdot (1 - \varphi) \qquad \begin{array}{r} (5.32) \\ [91] \end{array}$$

$$\alpha_2 = (1 + v_F) \cdot (1 - \varphi) \cdot \alpha_M + (1 + v_F) \cdot \varphi \cdot \alpha_F - \left((1 - \varphi) \cdot v_M + \varphi \cdot v_F\right) \cdot \alpha_1 \qquad \begin{array}{r} (5.33) \\ [99] \end{array}$$

$$\alpha_2 = \alpha_M - (\alpha_M - \alpha_{F\perp})$$

$$\cdot \left(\frac{2 \cdot (v_M^3 + v_M^2 - v_M - 1) \cdot 1{,}1 \cdot \varphi}{1{,}1 \cdot \varphi \cdot (2 \cdot v_M^2 + v_M - 1) - (1 + v_M)} - \frac{\frac{v_M \cdot E_{F\perp}}{E_M}}{\frac{E_{F\perp}}{E_M} + \frac{(1 - 1{,}1 \cdot \varphi)}{(1{,}1 \cdot \varphi)}} \right) \cdot \qquad \begin{array}{r} (5.34) \\ [100] \end{array}$$

α_2 – Thermischer Ausdehnungskoeffizient quer zur Faserrichtung, α_2/K^{-1}

$\alpha_{F\perp}$ – Thermischer Ausdehnungskoeffizient der Verstärkungsfaser in Querrichtung, $\alpha_{F\perp}/\mathrm{K}^{-1}$

$E_{F\perp}$ – E-Modul der Verstärkungsfaser in Querrichtung, $E_{F\perp}/\mathrm{MPa}$

Die Gleichungen 5.32 und 5.34 sind speziell für die Berechnung von thermischen Ausdehnungskoeffizienten entwickelt, bei denen das Verstärkungsmaterial in Längs- und Querrichtung der Faser eine unterschiedliche Ausdehnung aufweist, wie es bei Carbon- oder Aramidfasern der Fall ist. Da Glas zu 100% amorph ist, sind sowohl der thermische Ausdehnungskoeffizient und der E-Modul richtungs-unabhängig. Somit können auch diese Gleichungen für die Berechnung von α_2 herangezogen werden. Die Gleichung 5.33 ist laut [99] für die Berechnung von faserverstärkten Kunststoffen, speziell für kurz- oder langfaserverstärkte, geeig-net. Die Faserlänge und der Faserdurchmesser werden jedoch bei der Berechnung nicht berücksichtigt. Lediglich die Gleichung 5.30 zur Berechnung von α_1 wird in [99] durch einen Faktor k erweitert, der ähnlich wie die HALPIN-TSAI-Parameter ξ_i zur Anpassung der Simulationsergebnisse an die Messergebnisse dient. Der thermische Ausdehnungskoeffizient des Vinylesterharzes wird vom Hersteller mit

$\alpha_M = 65 \cdot 10^{-6}$ $1/K$ und der von Glasfasern mit $\alpha_F = 5,1 \cdot 10^{-6}$ $1/K$ angegeben. Die effektiven thermischen Kennwerte für die Verbundstrukturen mit Schuss- und Biaxialverstärkung sind in Tabelle 5-6 gezeigt. Dabei weisen die Ergebnisse für α_2 erhebliche Unterschiede auf, die im Weiteren untersucht werden.

Tabelle 5-6: Thermische Kennwerte der Verbundstrukturen

Struktur	1	2	3	biaxial-verstärkt	
				Schuss	Kette
$\alpha_1/10^{-6}\cdot K^{-1}$; (5.30)	11,9	16,3	15,4	14,7	10,3
$\alpha_2/10^{-6}\cdot K^{-1}$; (5.31)	61,4	66,8	66,0	65,3	57,6
$\alpha_2/10^{-6}\cdot K^{-1}$; (5.32)	51,6	56,7	56,0	55,2	48,2
$\alpha_2/10^{-6}\cdot K^{-1}$; (5.33)	63,9	69,6	68,8	68,0	60,0
$\alpha_2/10^{-6}\cdot K^{-1}$; (5.34)	53,8	61,9	60,4	59,3	48,9

5.4.2 Simulation des Verformungsverhaltens der biaxial-verstärkten Verbundstruktur

Bei der biaxial-verstärkten Verbundstruktur ist durch die sich ausbildende gekrümmte Ausgangskonfiguration mit einem Durchschlagsproblem zu rechnen. Aus diesem Grund wird die Simulation verschiebungsgesteuert durchgeführt. Eine kraftgesteuerte Simulation würde bei Erreichen der Grenzkraft zu einer nicht eindeutigen Lösung führen, da es entlang der Kraft-Verschiebungskurve bei einem Durchschlagsproblem (vgl. Abbildung 5.3) mehrmals zu gleichen Kraftwerten bei unterschiedlichen Verschiebungen kommt.

Die biaxial-verstärkte Verbundstruktur ist aus einem Halbzeug mit einer Gestrickgeometrie entsprechend der Abbildung 5.5 hergestellt, besteht aber im Gegensatz zur Abbildung 5.5 nur aus zwei Gestricklagen. Die Verbundstruktur wird auf die Größe von 250x245 mm^2 zugeschnitten und hat eine Dicke von 1,8 mm. Für die Simulation wird eine Einzelschichtdicke von 0,9 mm festgelegt, auf die auch der Faservolumengehalt der Einzelschicht aus Tabelle 5-5 bezogen ist. Die Aufteilung der Schichtdicke erfolgt deshalb zu gleichen Teilen, weil unklar ist, wie sich die Matrix durch die unterschiedliche Fadenfeinheit der Kett- und Schussfäden in den Einzelschichten verteilt bzw. welche exakte Dicke sich letztendlich für die Einzelschichten einstellt.

Zuerst werden die zwei Einzelschichten der realen, biaxial-verstärkten Verbundstruktur in ANSYS implementiert und die Auflager hinsichtlich der neu konstruierten Prüfvorrichtung definiert (Abbildung 5.10). Die mechanischen und thermischen Kennwerte der Einzelschichten werden entsprechend der berechneten effektiven Kennwerte eingegeben.

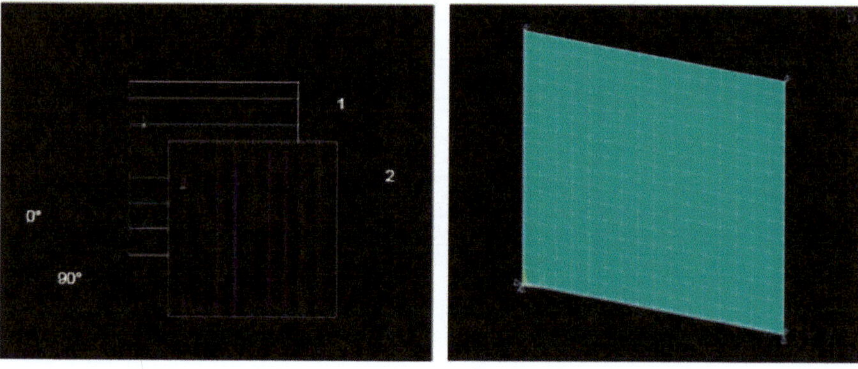

Abb. 5.10: Aufbau der Verbundstruktur ohne Berücksichtigung von Eigenspannungen

Für die Abbildung der Eigenspannungen der realen Verbundstruktur, die eine Krümmung zur Folge haben (vgl. Abbildung 5.7), wird im nächsten Schritt eine Temperatureinwirkung auf die Struktur simuliert. Dabei wird für das homogene Temperaturfeld die Temperatur so gewählt, dass die dabei entstehende Form der realen Form entspricht. Die Temperatur, die notwendig ist, um die Krümmung einzustellen, ist für jeden verwendeten Kennwert von α_2 unterschiedlich. Die Abbildung 5.11 zeigt die simulierte und die reale Form der biaxial-verstärkten Verbundstruktur.

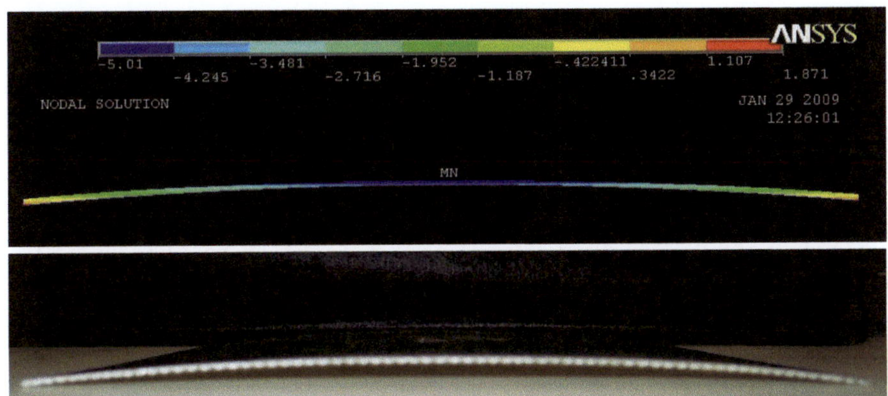

Abb. 5.11: Simulierte Verbundstruktur nach Temperatureinwirkung (oben) und reale Verbundstruktur (unten)

Welchen Einfluss die unterschiedlichen thermischen Ausdehnungskoeffizienten α_2 auf die Höhe der Eigenspannungen in der Platte haben, wird durch experimentelle und numerische Untersuchungen des Deformationsverhaltens an der gekrümmten Verbundstruktur durchgeführt, wie sie in Abbildung 5.12 im Experiment an der realen Verbundstruktur gezeigt ist. Die geometrische Ausgangsform, wie in Abbildung 5.11 oben gezeigt, werden in der 1. Verformungsanalyse für alle vier simulierten Verbundstrukturen durch die Anpassung der Temperatur gleich eingestellt.

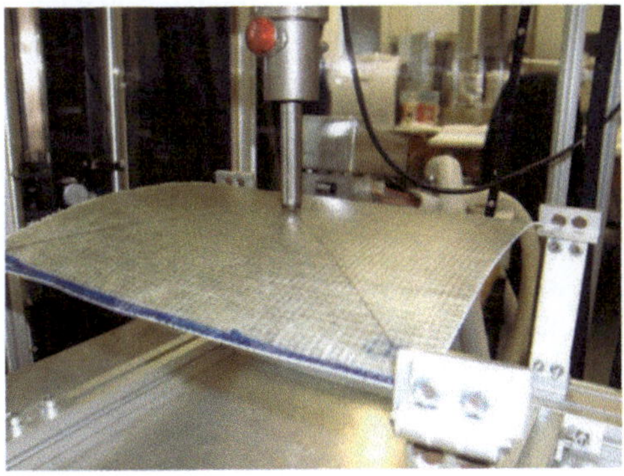

Abb. 5.12: Ausgangszustand bei der Prüfung der realen Verbundstruktur zur Verifikation der 1. Verformungsanalyse

Die erste Verformungsanalyse dient neben der Untersuchung der unterschiedlichen thermischen Ausdehnungskoeffizienten vor allen Dingen dazu, die Basis für die Ermittlung der Kraft F_{FGL}, bei auf der Zugseite einer gekrümmten Verbundstruktur integrierten FGL, zu schaffen. Die Integration der FGL auf der Zugseite soll zum einen zur Eliminierung einer durch Eigenspannung verursachten Krümmung oder zum anderen zu einem Umschlagen der Verbundstruktur in eine zweite stabile Gleichgewichtslage genutzt werden, siehe Abbildung 5.13. Dabei soll die Verbundstruktur einmal durch die Kraft F_{V1} aus der Simulation bzw. Prüfung und einmal durch die Kraft F_{FGL} der im Demonstrator integrierten FGL vom Ausgangs- in den Endzustand überführt werden.

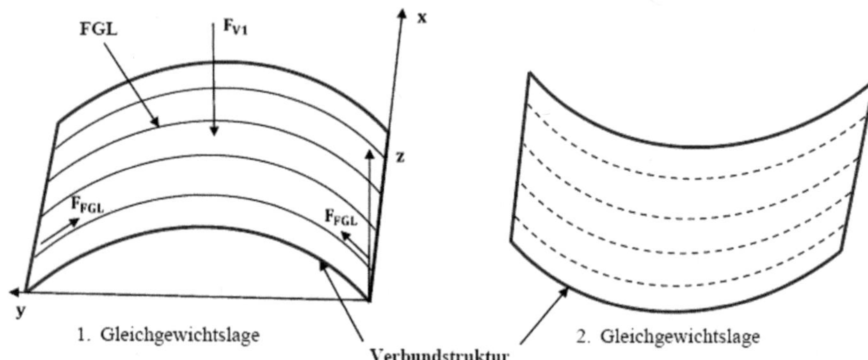

Abb. 5.13: Ausgangszustand (links) und Endzustand (rechts) der Verbundstruktur in der 1. Verformungsanalyse

Die Simulation wird unter stationären Bedingungen und, wie bereits erwähnt, verschiebungsgesteuert durchgeführt. Das bedeutet, dass nicht, wie in der Abbildung 5.12 zu sehen, in der Mitte der Verbundstruktur eine Kraft aufgebracht wird, sondern dass in der Simulation genau an der Stelle der Knoten um einen definierten Betrag verschoben wird. Die Reaktionskraft an den einzelnen Verschiebungspunkten wird in einer Kraft-Verschiebungs-Kurve ausgegeben. Für die verifizierenden Prüfungen wird eine geringe Prüfgeschwindigkeit von 5 mm/min festgelegt. In der Abbildung 5.14 ist der Einfluss der unterschiedlichen Ausdehnungskoeffizienten α_2 auf die Eigenspannung und demzufolge auf die Steifigkeit der Verbundstruktur dargestellt.

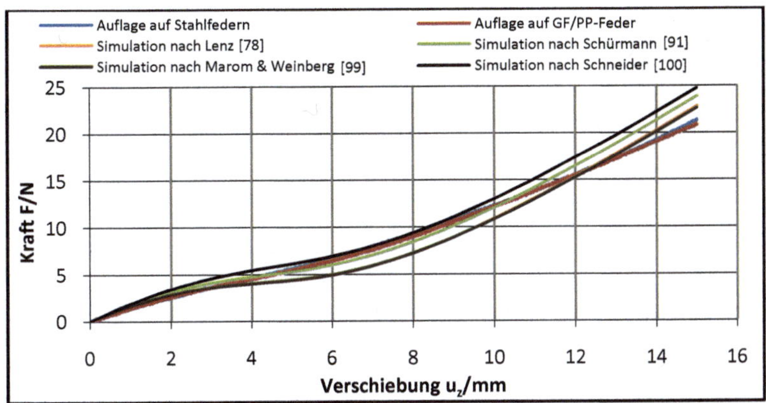

Abb. 5.14: Geprüfte und simulierte Verformungskurven der biaxial-verstärkten Verbundstruktur der 1. Verformungsanalyse

In den simulierten Verformungskurven ist eine leichte Tendenz zwischen einer Verschiebung $u_z = 2\text{-}6$ mm zum Durchschlagen zu erkennen, welche in den experimentell bestimmten Kurven nur andeutungsweise zu sehen ist. Die Struktursteifigkeit und die gekrümmte Ausgangsform der Verbundstruktur haben einen signifikanten Einfluss auf den Durchschlageffekt und scheinen bei der ausgewählten biaxial-verstärkten Verbundstruktur zu gering zu sein. Zu sehen ist des Weiteren, dass die Art der Lagerung (Stahlfeder oder GF/PP-Feder) hier keinen Einfluss auf die Verformung der Verbundstruktur bei dieser Art der Krafteinleitung hat. Die beiden Grafen verlaufen annähernd deckungsgleich. Die Krümmung der Struktur ist dafür zu gering.

Die Verformungskurven der einzelnen Simulationen mit unterschiedlichem Ausdehnungskoeffizient α_2 zeigen verschiedene Verläufe. Die Verformungskurven der Simulationen mit dem thermischen Ausdehnungskoeffizient α_2 nach LENZ [78] und nach MAROM & WEINBERG [99] verlaufen nahezu identisch. Bis zu einer Verschiebung der Struktur von 12 mm verlaufen die simulierten Verformungskurven in guter Näherung zu den experimentell ermittelten Kurven.

Bei der realen, gekrümmten Verbundstruktur beträgt der Abstand in z-Richtung der unverformten Struktur vom Auflager bis zum Krafteinleitungspunkt 4 mm, siehe dazu Abbildung 5.15. Somit befindet sich der Druckstempel bei einer

Verschiebung von 4 mm in Höhe der Auflager. Bis zu einer Verschiebung von 12 mm befinden sich alle Verformungskurven in einem akzeptablen Bereich. Der Druckstempel befindet sich bei dieser Verschiebung bereits 8 mm unter den Auflagern. Da als Ergebnis der 1. Verformungsanalyse die Kraft der FGL, die notwendig ist, eine gespiegelte Verbundstrukturform bezüglich der vorgekrümmten Ausgangsform durch die Ausnutzung des Durchschlageffekts einzustellen, abgeleitet werden soll, ist nur der Bereich bis zu einer z-Verschiebung bis 8 mm relevant.

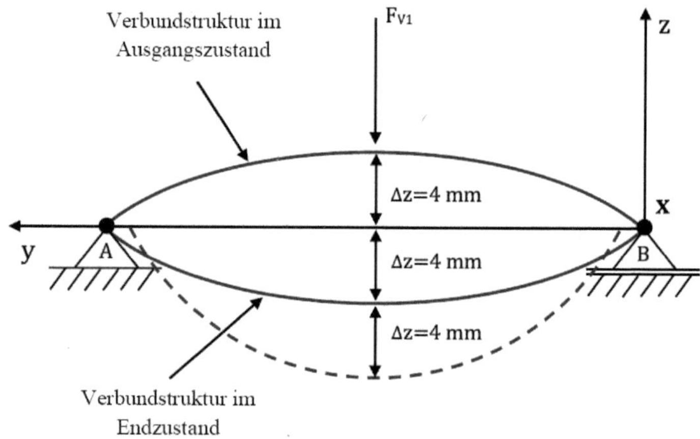

Abb. 5.15: Zustandslagen während der Verbundstrukturprüfung

Bei Verbundstrukturen mit einer größeren, durch Eigenspannungen verursachten Krümmung und mit einer höheren Struktursteifigkeit, verursacht z. B. durch eine größere Plattendicke oder einen höheren Faservolumengehalt, hat die Art der Lagerung einen signifikanten Einfluss. Experimentelle Untersuchungen an Verbundstrukturen mit einer größeren Krümmung, also mit einer höheren Struktursteifigkeit, zeigen während der Prüfung einen Durchschlageffekt, wie er in Abbildung 5.16 dargestellt ist. Diese sind aber für eine Integration von FGL weniger geeignet, da die Kraft F_{GR} zu groß wäre, diese Strukturen entsprechend der Prüfung zu verformen.

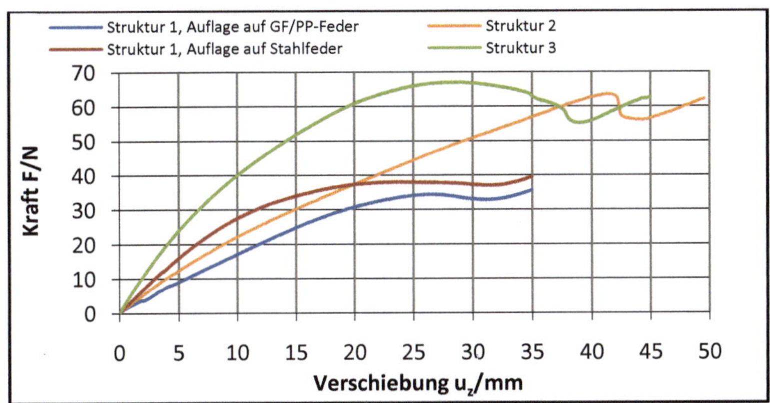

Abb. 5.16: Reale Verformungskurven von Verbundstrukturen mit Durchschlageffekt

Wie in der Abbildung 5.16 beispielhaft für die Struktur 1 zu sehen, unterscheiden sich die Kraft-Verschiebungs-Verläufe zwischen der Auflage auf Stahlfedern und der Auflage auf GF/PP-Federn mit größer werdender Struktursteifigkeit. Da die Steifigkeitssimulation der 1. Verformungsanalyse sehr gut das Verformungsbild der Verbundstruktur während der Prüfung abbildet, siehe Abbildung 5.17, wird zur 2. Verformungsanalyse übergegangen.

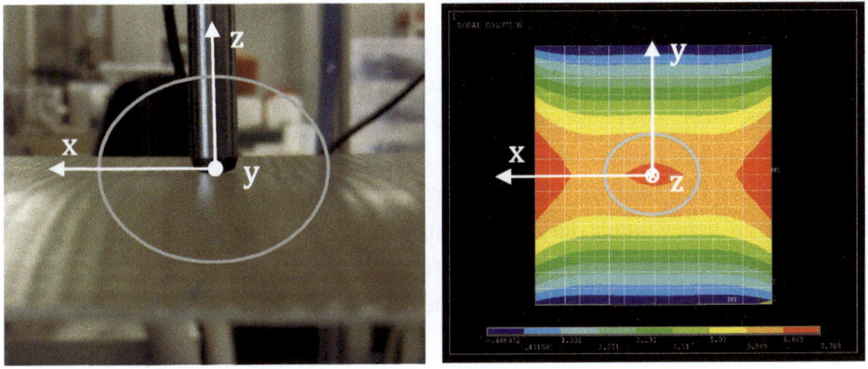

**Abb. 5.17: Verformungsbild real (links) und simuliert (rechts) der biaxial-
verstärkten Verbundstruktur der 1. Verformungsanalyse**

In der 2. Verformungsanalyse wird eine Verformung der Verbundstruktur simuliert, wie sie sich durch die Einwirkung einer Kraft, eingebracht durch die

FGL auf der Druckseite einer gekrümmten Struktur, einstellt. Dabei soll eine größere Krümmung der Verbundstruktur, einmal durch die Kraft F_{V2} in der Simulation bzw. Prüfung und einmal durch die Kraft F_{FGL}, erzeugt durch FGL, integriert auf der Druckseite der Struktur, eingestellt werden. Die Abbildung 5.18 zeigt schematisch die Ausgangs- und die Endkrümmung der Verbundstruktur während der 2. Verformungsanalyse.

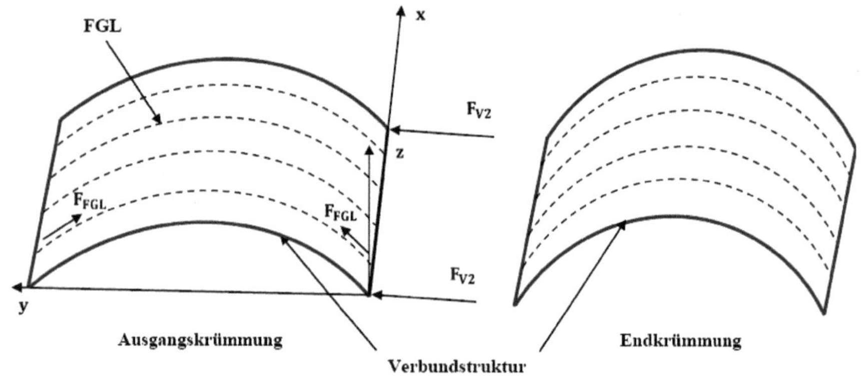

Abb. 5.18: Ausgangszustand (links) und Endzustand (rechts) der Verbundstruktur in der 2. Verformungsanalyse

Für die weiteren Simulationen wird zur Reduzierung des Rechenaufwandes nur noch mit den thermischen Ausdehnungskoeffizienten α_2 nach LENZ [78] und nach SCHÜRMANN [91] gerechnet, da diese zu Verformungskurven führen, die den realen Kurven am Besten entsprechen. Die Krafteinleitung ist sowohl bei der Integration der FGL auf der Zug- als auch auf der Druckseite vorzugsweise am Rand oder an den Kanten der Verbundstruktur vorzunehmen. Deshalb wird die zweite Verformungsanalyse so durchgeführt, dass eine Kante bzw. die beiden Eckknoten einer Kante definiert verschoben werden (siehe Abbildung 5.19).

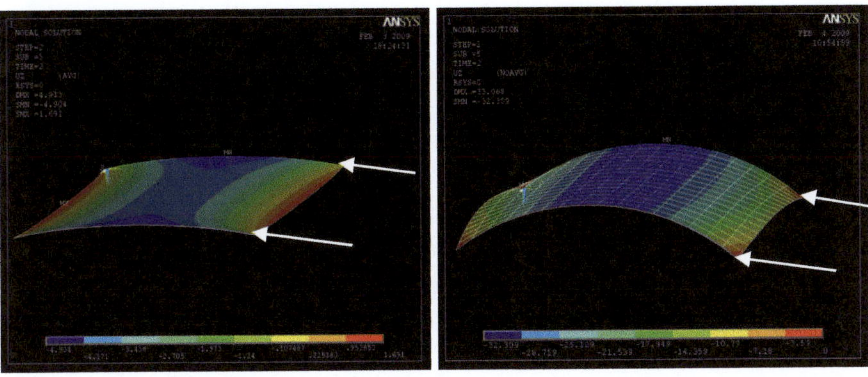

Abb. 5.19: Simulation vor (links) und nach (rechts) der Verschiebung der Eckknoten in y-Richtung

Die verifizierenden Untersuchungen bedingen eine Veränderung des Prüfstands, sodass die Verformung und das Koordinatensystem der Struktur aus der horizontalen Ebene in die vertikale Ebene überführt werden. Der modifizierte Prüfstand wird durch die Abbildung 5.20 veranschaulicht.

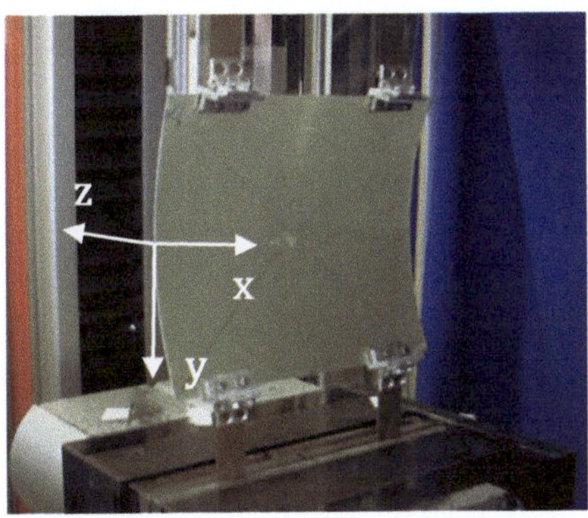

Abb. 5.20: Modifizierter Prüfstand zur Verifizierung der 2. Verformungsanalyse

Die Prüfung erfolgt in zwei Einzelprüfungen, einer Druck- und einer Zugprüfung. Die Krafteinleitungsstellen sind so modifiziert, dass zum einen die Verbundstruktur während der Druckprüfung in den Krafteinleitungsstellen kein Spiel hat und zum anderen die Verformung der Struktur (Krümmung) nicht behindert wird. Bei der Zugprüfung wird die Verbundstruktur in den Krafteinleitungsstellen mechanisch über Schrauben fixiert. Zwischen den Schrauben und der Verbundstruktur befinden sich Aluminiumeinlagen, um Beschädigungen zu vermeiden. Die weggesteuerte Druckprüfung beginnt bei einer Vorkraft von 12 N und die Kraft-Verschiebungs-Kurve wird bis zu einer y-Verschiebung von 15 mm aufgezeichnet. Um den Bereich von 0-12 N messtechnisch zu erfassen und um festzustellen, ob sich die Fixierung der Verbundstruktur in den Krafteinleitungsstellen auf die Verformung der Struktur auswirkt, wird eine Zugprüfung durchgeführt, die bei negativen Kraftwerten beginnt. Das heißt, der Beginn der Zugprüfung in y-Richtung erfolgt bei einem Weg von -4,5 mm. So werden zu Beginn der Zugprüfung negative Kraftwerte aufgezeichnet, die sich nach dem Überschreiten des Nullpunktes der Druckprüfung zu positiven Werten wandeln (siehe Abbildung 5.21).

Die experimentellen und simulierten Verformungskurven für die Verifizierung der zweiten Verformungsanalyse sind in der Abbildung 5.21 dargestellt. Deutlich wird, dass der Prüfaufbau mit den modifizierten Krafteinleitungsstellen keinen Einfluss auf die Verformung der Struktur hat. Sowohl die experimentell ermittelten Verformungskurven der Druck- und Zugprüfung als auch die simulierten Verformungskurven nach SCHÜRMANN [91] und LENZ [78] liegen nahezu deckungsgleich übereinander.

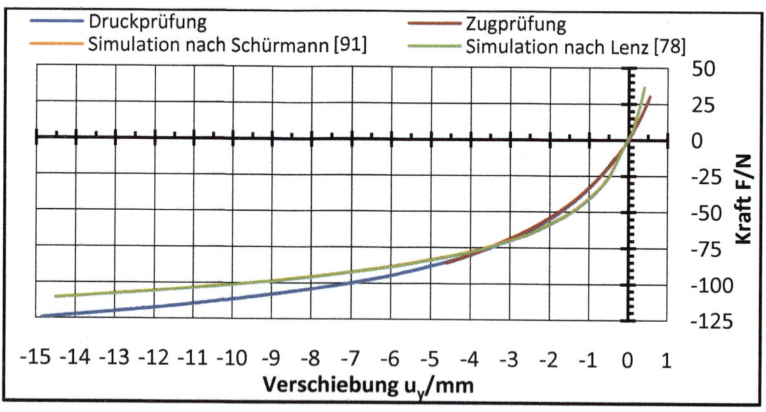

Abb. 5.21: Geprüfte und simulierte Verformungskurven der biaxial-verstärkten Verbundstruktur der 2. Verformungsanalyse

Für diese Simulation hat der unterschiedliche thermische Ausdehnungskoeffizient α_2 nur einen vernachlässigbar geringen Einfluss. Unter der Berücksichtigung, dass die Simulation von einem idealen Werkstoff ausgeht, liegen die Verformungskurven der Simulation und der Prüfung im Druckbereich in einer akzeptablen Abweichung zueinander.

Durch die erste und zweite Verformungsanalyse ist die Basis für die Ermittlung der Kraft geschaffen, die die Formgedächtnisdrähte zum einen für ein Umschlagen der Verbundstruktur in eine andere Gleichgewichtslage bei Stabilitätsproblemen und zum anderen für eine weitere Verformung der Struktur hinsichtlich der Einstellung einer größeren Krümmung aufbringen müssen.

5.4.3 Ermittlung der für die Verformung notwendigen Kraft der Formgedächtnislegierungen

Um von der Simulation auf die Kraft der FGL für die Einstellung einer Verformung zu schließen, ist es notwendig, die geometrische Form und die Auflager der Verbundstruktur sowie die Krafteinleitung in die Verbundstruktur zu analysieren. Die Sattelform der Verbundstruktur ist so gering ausgeprägt, dass zur Vereinfachung der Kraftermittlung die Struktur eindimensional als Balken betrachtet wird. Die geometrische Form der Verbundstruktur entspricht dem eines Kreisbogens und ist in der Abbildung 5.22 veranschaulicht. Der Winkel α entspricht dem Tangentenwinkel am Lager, der auch durch die Simulation berechnet und ausgegeben werden kann. Die hier verwendeten Werte des Winkels α sind die Werte der Verbundstruktur-Nulllinie zur y-Achse (siehe dazu auch Abb. 5.23), die sich nur vernachlässigbar gering zu den Werten des Winkels der Verbundstruktur-Außenflächen zur y-Achse unterscheiden. Die Kräfte F_{V1} und F_{V2}, die für eine Verformung der Verbundstruktur benötigt werden, sind durch die Simulation bzw. Prüfung der 1. und 2. Verformungsanalyse ermittelt.

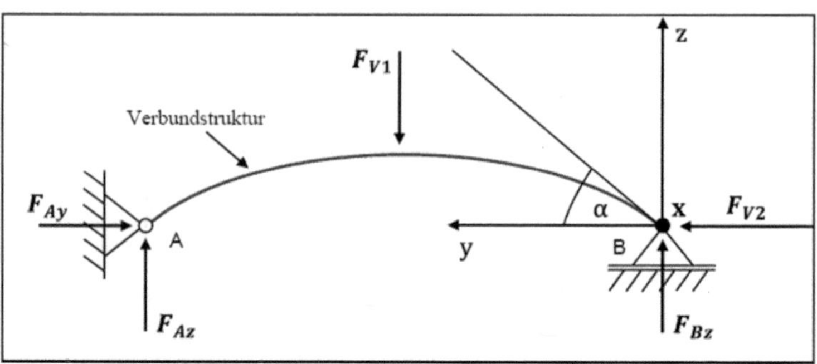

Abb. 5.22: Form und Auflager der Verbundstruktur bei Simulation und Prüfung

Bei der Betrachtung der Kraftverhältnisse muss zwischen den Zuständen 1 und 2 der Simulation bzw. Prüfung sowie der Krafteinleitung durch die FGL unterschieden werden. Die Lagerreaktion ergeben sich für den Zustand 1 (1. Verformungsanalyse $\triangleq$ V1; $F_{V2} = 0$) zu:

$$F_{Ay} = 0 \,, \tag{5.35}$$

$$F_{Az} = F_{Bz} = {}^{F_{V1}}\!/_2 \tag{5.36}$$

und für den Zustand 2 (2. Verformungsanalyse $\triangleq$ V2; $F_{V1} = 0$) zu:

$$F_{Ay} = F_{V2} \,, \tag{5.37}$$

$$F_{Az} = F_{Bz} = 0 \,. \tag{5.38}$$

Bei der Krafteinleitung durch die FGL wird davon ausgegangen, dass sie idealerweise an der Kante der Verbundstruktur erfolgt.

Aus dem Zustand 1 heraus, siehe V1 in Abbildung 5.22, soll ein Durchschlagen der Verbundstruktur in der Art erfolgen, dass der Punkt, in dem die Kraft F_{V1} wirkt, von der Ausgangsposition mit $z_A = 4\,\text{mm}$ in eine Endposition mit $z_E = -4\,\text{mm}$ überführt wird. Der Tangentenwinkel α ist dabei maximal $\alpha = 1{,}971°$ und das Auflager B hat eine maximale Änderung in y-Richtung von $\left| {}_\Delta y \right| = 0{,}039\,\text{mm}$. Aufgrund des kleinen Winkels α und der sehr kleinen y-Verschiebung des Auflagers B kommt im Zustand 1 die Theorie der kleinen Verformungen zur Anwendung und es gilt $\alpha = \gamma$ (γ - Winkel im rechtwinkligen Dreieck). Die Abbildung 5.23 stellt die Kraftverhältnisse im Zustand 1 während der Simulation bzw. Prüfung und der Krafteinleitung durch die FGL dar.

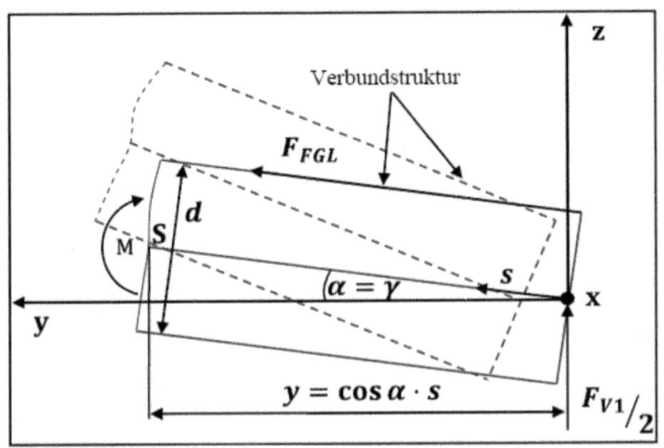

Abb. 5.23: Kräfte und Momente der Verbundstruktur im Zustand 1 der 1. Verformungsanalyse

Nach dem Einführen einer Laufkoordinate s und dem Aufstellen der Momentengleichnung im Punkt **S** ergibt sich der Zusammenhang für die Simulation bzw. Prüfung ($F_{FGL} = 0$):

$$0 = M_{1(V1)}(s) - \frac{F_{V1}}{2} \cdot s \cdot \cos\alpha \tag{5.39}$$

und für die Integration der FGL auf der Zugseite ($F_{V1} = 0$):

$$0 = M_{1(FGL)} - F_{FGL} \cdot \frac{d}{2} \cdot \tag{5.40}$$

Mit der Bedingung bei $s = 125$ mm:

$$M_{1(V1)}(s) = M_{1(FGL)}, \tag{5.41}$$

Und dass das Moment zum Einstellen der Verformung, verursacht durch die Kraft F_{V1} und durch die Kraft F_{FGL}, gleich ist und dass für kleine Winkel $\cos\alpha \approx 1$, folgt durch das Umstellen nach der gesuchten Kraft F_{FGL} im Zustand 1:

$$F_{FGL} = \frac{F_{V1}}{d} \cdot s\,.\tag{5.42}$$

Dass die neutrale Linie und demzufolge die Laufkoordinate s einen Kreisbogen beschreibt, wird aufgrund der kleinen Verformungen im Zustand 1 nicht berücksichtigt. Die Laufkoordinate s ist maximal der Strecke von der Krafteinleitung F_{V1} bis zum Auflager und beträgt $s = 125$ mm.

Für den Zustand 2, entsprechend der 2. Verformungsanalyse, stellt sich eine Vergrößerung der Ausgangskrümmung der Verbundstruktur ein (vgl. Abbildung 5.18). Die Abbildung 5.24 zeigt die Kraftverhältnisse im Zustand 2 während der Simulation bzw. Prüfung und der Krafteinleitung durch die FGL.

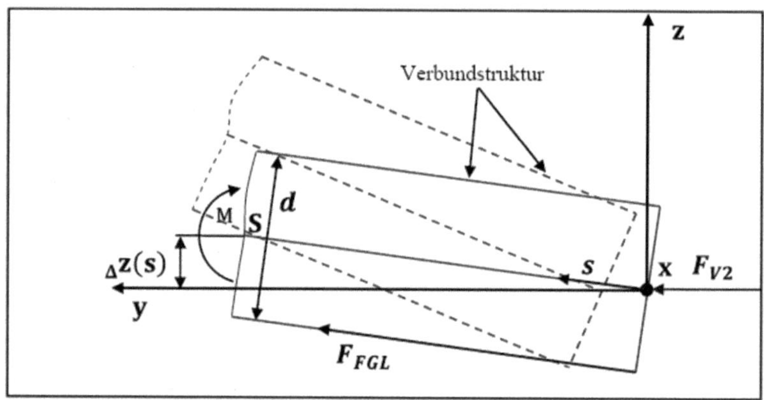

Abb. 5.24: Kräfte und Momente der Verbundstruktur im Zustand 2

Durch das Aufstellen der Momentengleichung im Punkt S ergibt sich der Zusammenhang für die Simulation bzw. Prüfung ($F_{FGL} = 0$):

$$0 = M_{2(V2)}(s) + F_{V2} \cdot {}_\Delta z(s)\tag{5.43}$$

und für die Integration der FGL auf der Druckseite ($F_{V2} = 0$):

$$0 = M_{2(FGL)} + F_{FGL} \cdot \frac{d}{2} \, . \tag{5.44}$$

Mit der Bedingung:

$$M_{2(V2)}(s) = M_{2(FGL)} \tag{5.45}$$

und nach dem Umstellen der Gleichungen folgt für die Kraft F_{FGL}:

$$F_{FGL} = \frac{2}{d} \cdot F_{V2} \cdot {}_\Delta z(s) \, . \tag{5.46}$$

Der Winkel α stellt sich je nach Verschiebung ${}_\Delta y$ zwischen 2°...28,7° ein und kann daher nicht mehr vernachlässigt werden. Für den Zustand 2 kann ${}_\Delta z(s)$ aus der Simulation an jeder beliebigen Position berechnet werden. Entscheidend für die Ermittlung der Kraft F_{FGL} ist die Position ${}_\Delta z(s = 125\text{ mm})$, da dort das Moment am größten ist. Eine weitere Möglichkeit für die Bestimmung von ${}_\Delta z(s)$ bei $s = 125$ mm ist mithilfe des Tangentenwinkels α über die Beziehungen des Kreisbogens gegeben. Dabei gelten mit dem bekannten Tangentenwinkel α und dem Kreisbogen b die in Abbildung 5.25 dargestellten Beziehungen:

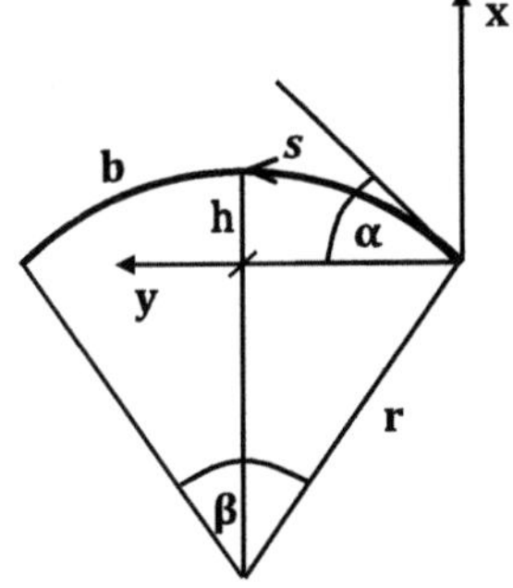

$$\beta = 2 \cdot \alpha \, , \tag{5.47}$$

$$b = \frac{\pi \cdot \beta}{180} \cdot r \, , \tag{5.48}$$

$$h = 2 \cdot r \cdot \sin^2 \frac{\beta}{4} \, , \tag{5.49}$$

$${}_\Delta z\,(s = 125\text{ mm}) = h \, . \tag{5.50}$$

Abb. 5.25: Beziehungen am Kreisbogen

mit dem Radius r, der Höhe h und dem Mittelpunktswinkel β. Durch die Beziehung des Mittelpunkts- und Tangentenwinkel und bekanntem Kreisbogen resultiert für den Radius:

$$r = \frac{b \cdot 180}{2 \cdot \pi \cdot \alpha}.$$
(5.51)

Durch das Einsetzen der Gleichung 5.51 in die Gleichung 5.49 folgt für $_\Delta z(s)$:

$$_\Delta z(s = 125 \text{ mm}) = \frac{b \cdot 180}{\pi \cdot \alpha} \cdot \sin^2 \frac{\alpha}{2}.$$
(5.52)

Damit ergibt sich für die Kraft F_{FGL}:

$$F_{FGL} = \frac{2}{d} \cdot F_{V2} \cdot \frac{b \cdot 180}{\pi \cdot \alpha} \cdot \sin^2 \frac{\alpha}{2}.$$
(5.53)

In der Abbildung 5.26 sind die Grafen der 1. Verformungsanalyse und der theoretische Kraft-Verlauf der FGL dargestellt, um durch die FGL die gleiche Verformung der Verbundstruktur einzustellen.

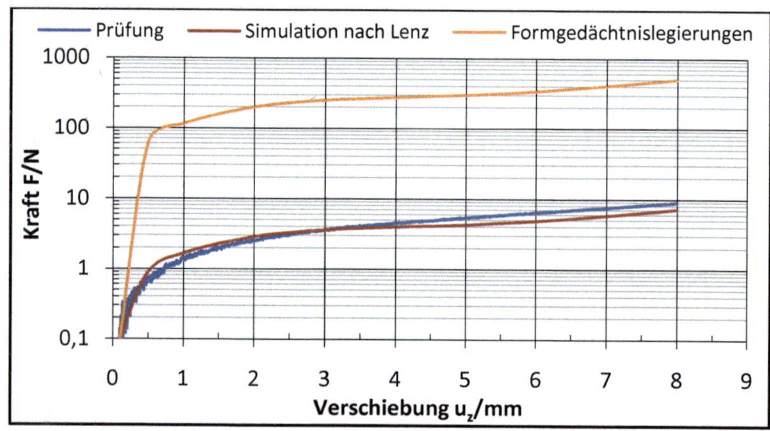

Abb. 5.26: **Kraft-Verschiebungskurven der 1. Verformungsanalyse und der theoretische Kraftverlauf nach Integration der FGL auf der Zugseite (nach Gleichung 5.42)**

Ersichtlich ist, dass zur Einstellung des gleichen Verformungszustandes der Simulation bzw. Prüfung durch die FGL eine sehr viel größere Kraft aufgebracht werden muss. Für die Verformung der Verbundstruktur entsprechend der 1. Verformungsanalyse ist eine Kraft aller integrierten FGL von $F_{FGL} = 499\,\text{N}$ für die Verschiebung $_\Delta u_z = 8\,\text{mm}$ erforderlich. Hier wird deutlich, dass bei dieser Art der Integration von FGL eine sehr große Kraft für das Erreichen von F_{Gr} nötig ist. Für ein Überschreiten einer Kraft $F_{Gr} = 34\,\text{N}$, wie beispielsweise für die Struktur 1 gelagert auf GF/PP-Feder in der Abbildung 5.16, wird bei gleicher Verbundstrukturdicke eine Kraft $F_{FGL} = 2\,361\,\text{N}$ für ein Überschreiten des kritischen Punktes benötigt.

Die Abbildung 5.27 zeigt die Grafen der 2. Verformungsanalyse und den Kraft-Verlauf der FGL für eine maximale Verschiebung bis $u_y = -15\,\text{mm}$.

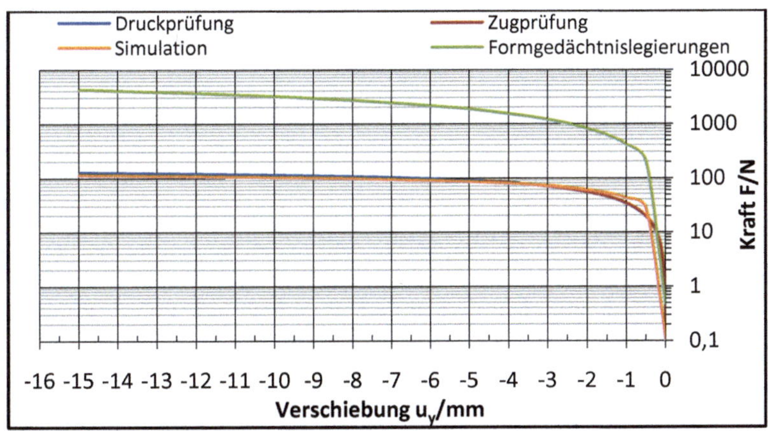

Abb. 5.27: Kraft-Verschiebungskurven der 2. Verformungsanalyse und der theoretische Kraftverlauf nach Integration der FGL auf der Druckseite (nach Gleichung 5.53)

Die Grafen der Simulation und Prüfung in der Abbildung 5.27 sind aufgrund der hier gewählten logarithmischen Darstellung durch Betragsbildung vom 3. in den 4. Quadranten überführt worden. Auch für eine Verformung entsprechend der 2. Verformungsanalyse ist eine sehr große Kraft durch die FGL aufzubringen. Für eine Verschiebung von $u_y = -15\,\mathrm{mm}$ ist eine Kraft $F_{FGL} = 4\,175\,\mathrm{N}$ erforderlich.

Abschließend ist festzustellen, dass es aufgrund der Kraftwirkung der FGL in eine andere Richtung zu sehr großen Unterschieden zwischen den Kräften der 1. und 2. Verformungsanalyse und den Kräften der integrierten FGL kommt. Für die Realisierung von sehr großen Verformungen, ähnlich wie in der Simulation der 2. Verformungsanalyse, sind entweder eine andere textile Verstärkungsstruktur bzw. ein anderer Verbundaufbau (Materialien und Struktur) zu wählen oder Formgedächtnisdrähte mit einem größeren Durchmesser zu verwenden. Eine Integration der Formgedächtnisdrähte auf der Druckseite erscheint mit den hier untersuchten Materialien aufgrund der benötigten sehr hohen Kräfte der FGL als nicht sinnvoll. Für die Demonstratoren wird eine Anordnung nach der 1. Verformungsanalyse gewählt und die FGL werden auf der Zugseite der durch Eigenspannungen entstehenden Krümmung angeordnet.

6 Anwendung der FGL-Hybridgarne in adaptiven Faserverbundstrukturen

In diesem Kapitel soll anhand von zwei Demonstratoren der Einsatz von Formge-dächtnislegierungen (FGL), integriert durch Hybridgarne, für die Verformung von Faserverbundstrukturen beispielhaft aufgezeigt werden. Die Realisierung der Demonstratoren bildet abschließend die Verifikation der erarbeiteten, theoretischen Grundlagen aus den vorangegangenen Untersuchungen. Der Aufbau und die Formgebung der Demonstratoren soll am Beispiel der biaxial-verstärkten Verbund-struktur aus Kapitel 5 erfolgen. Dafür werden die Formgedächtnisdrähte 2a und 3a, wie in Kapitel 4 beschrieben, zu FGL-Hybridgarnen mit einem aus Glasfasern bestehenden Mantel verarbeitet und auf der Schussseite des biaxial-verstärkten Gestrickes, welches nach der Konsolidierung die Zugseite der durch Eigenspan-nungen gekrümmten Verbundstruktur ist, angeordnet. Aufgrund der begrenzten Verfügbarkeit der Formgedächtnisdrähte und der Verbundstrukturabmessungen werden pro Demonstrator und FGL-Variante händisch 20 FGL-Hybridgarne integriert. Dieses Vorgehen wird durch die einseitige Erhöhung des Glasfaseranteils infolge der FGL-Hybridgarnintegration die Ausgangskrümmung der Verbundstruk-tur verändern. Das wird in Kauf genommen, da die Funktionsüberführung und -überprüfung der FGL über alle Prozessstufen bis zur konsolidierten Verbundstruk-tur im Vordergrund steht. Diese Erhöhung des Glasfaseranteils durch die händische Integration tritt bei der späteren Verwendung der FGL-Hybridgarne nicht auf, da sie maschinell verarbeitet werden und bei der Integration in das Flächengebilde die eigentlichen Verstärkungsfäden substituieren. Dabei ist bei der Herstellung der FGL-Hybridgarne sicherzustellen, dass die Feinheit des FGL-Hybridgarnes unter Berücksichtigung der unterschiedlichen Materialien mit der Feinheit des substituier-ten Verstärkungsfadens gleich ist.

6.1 Vorbetrachtungen

Die Formgedächtnisdrähte 2a und 3a werden zu FGL-Hybridgarnen nach den Einstellparametern der Hybridgarnvariante V4 mit 5 Faserbändern (siehe Seite 89-

94) in den Mantelfeinheiten 600 tex und 900 tex hergestellt. Die relevanten Kennwerte aus der Hybridgarncharakterisierung sind in der Tabelle 6-1 aufgelistet.

Tabelle 6-1: Relevante Kennwerte der FGL-Hybridgarne für die Integration in FVW

Mantelfeinheit Tt/tex	600		900	
FGL	2a	3a	2a	3a
FGL-Hybridgarnfeinheit Tt/tex	1074	946	1261	1140
spezifische Mantelmasse m_l/mg · m^{-1}	734	741	921	935
längenspezifische Ausziehkraft f_L/10^3 · N · m^{-1}	14,44	11,26	14,62	12,29
Festigkeitsabnahme des Kernmaterials bei der Hybridgarnherstellung 1/%	4,8	5,0	5,0	5,1

Für den prinzipiellen Nachweis der Funktion der FGL im Verbund werden, aufgrund der sehr aufwendigen Verbundstrukturherstellung und weil die FGL-Hybridgarnfeinheit annähernd der den zu ersetzenden Schussfäden mit 1200 tex entspricht, nur die zwei FGL-Hybridgarnvarianten mit einer Mantelfeinheit von 900 tex eingesetzt. Inwieweit sich die FGL-Hybridgarne mit einer Mantelfeinheit von 600 tex für eine Integration in Verbundstrukturen eignen und ob die Funktion der Verformung von FVW noch vorhanden ist, muss in weiterführenden Untersuchungen nachgewiesen werden.

Der sich durch das händische Einlegen der FGL-Hybridgarne ergebende GF-Gehalt pro Einzelschicht und die veränderten mechanischen sowie thermischen Kennwerte der biaxial-verstärkten Verbundstruktur sind in Tabelle 6-2 zusammengefasst. Unberücksichtigt ist hier der Einfluss der dritten Komponente FGL bei der Berechnung der mechanischen und thermischen Kennwerte der biaxial-verstärkten Verbundstruktur.

Tabelle 6-2: Mechanische und thermische Kennwerte der Verbundstruktur nach der händischen FGL-Hybridgarnintegration

Kennwert	Verbundstruktur ohne FGL		Verbundstruktur mit FGL	
	Schuss	Kette	Schuss	Kette
φ_{Glas}	0,163	0,280	0,197	0,285
E_1/MPa	14 179,0	22 435,5	16 577,2	22 763,6
E_2/MPa	3 203,8	3 700,4	3 333,7	3 723,3
ν_{12}	0,258	0,264	0,260	0,264
G_{12}/MPa	1 232,6	1 424,0	1 282,7	1 432,9
$\alpha_1/10^{-6}\cdot K^{-1}$	14,7	10,3	12,9	10,2
$\alpha_2/10^{-6}\cdot K^{-1}$; [78]	65,3	57,6	63,2	57,3

Die sich theoretisch ergebende geometrische Form der biaxial-verstärkten Verbundstruktur vor und nach der Integration der FGL-Hybridgarne ist in der Abbildung 6.1 dargestellt. Wie in der Abbildung zu sehen ist, kommt es durch die Integration der FGL-Hybridgarne und der damit verbundenen Änderung der mechanischen und thermischen Kennwerte zu einer minimalen Reduzierung der Ausgangskrümmung der Verbundstruktur. Die Höhendifferenz vom niedrigsten bis zum höchsten Punkt der simulierten Verbundstruktur verringert sich von 7,015 mm auf 6,219 mm. Diese Reduzierung der Ausgangskrümmung wird als geringfügig erachtet, sodass die Herstellung und Prüfung der Demonstratoren in der geplanten Weise erfolgt.

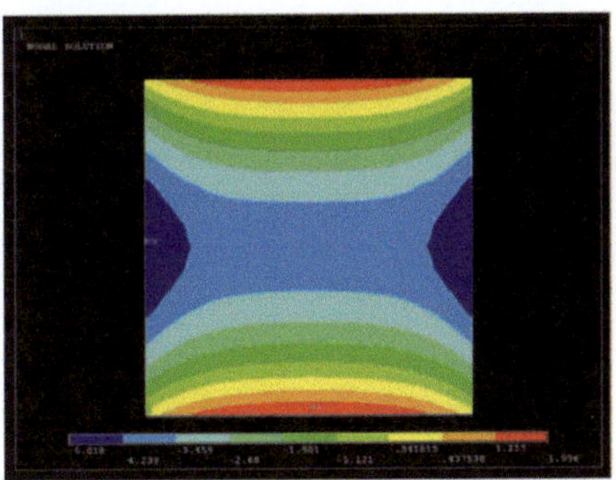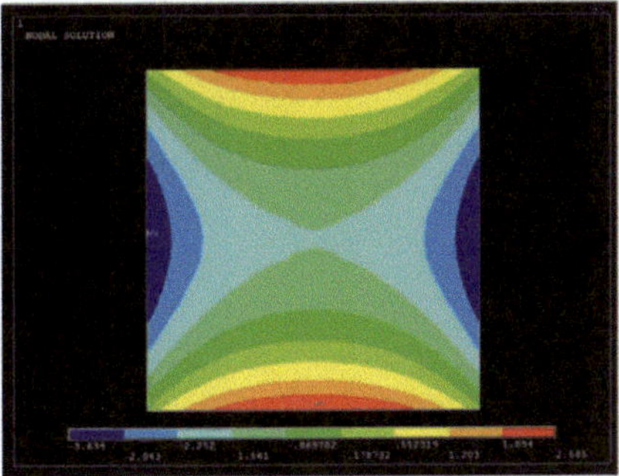

Abb. 6.1: Simulierte Ausgangskrümmung der Verbundstruktur vor (links) und nach der FGL-Hybridgarnintegration (rechts)

Zu erwarten ist, dass sich die Verformung der realen Verbundstruktur noch weiter reduzieren wird, da die FGL bei der Simulation unberücksichtigt sind.

In der Tabelle 6-3 sind die für die Verformung der Verbundstrukturen relevanten Eigenschaften der FGL 2a und 3a aufgelistet.

Tabelle 6-3: Relevante Eigenschaften der FGL 2a und 3a bei der Auslösung des Formgedächtniseffektes

FGL	2a	3a
Durchmesser d/mm	0,259	0,201
Umwandlungstemperatur T_{TR}/°C	95 - 110	95 - 110
max. Oberflächentemperatur T_{Fmax}/°C	164	174
F_{R15N}/N	14,9	26,3
ε_{pp15N}/%	0,062	2,933

Um auf die theoretisch nutzbaren Kräfte der integrierten FGL zu schließen, ist es notwendig, die Dehnung der FGL, die während der Verformung der Verbundstruktur auftreten, zu ermitteln. Die Anordnung und die Integration der FGL erfolgt entsprechend der 1. Verformungsanalyse auf der Zugseite der durch Eigenspannung entstandenen Krümmung der Verbundstruktur. Die sich dabei ergebenden Verbundstrukturzustände sind in Abbildung 6.2 gezeigt.

Da sich die FGL im Ausgangszustand auf der Zugseite und im Endzustand auf der Druckseite befinden, kommt es zu einer Längendifferenz. Für die Berechnung der Längendifferenz und der dabei entstehenden Dehnung wird eine Verschiebung wie in der 1. Verformungsanalyse angenommen. Die maximale Verschiebung u_z in der Mitte der Verbundstruktur ist $u_z = 8\ mm = 2 \cdot {}_\Delta z$.

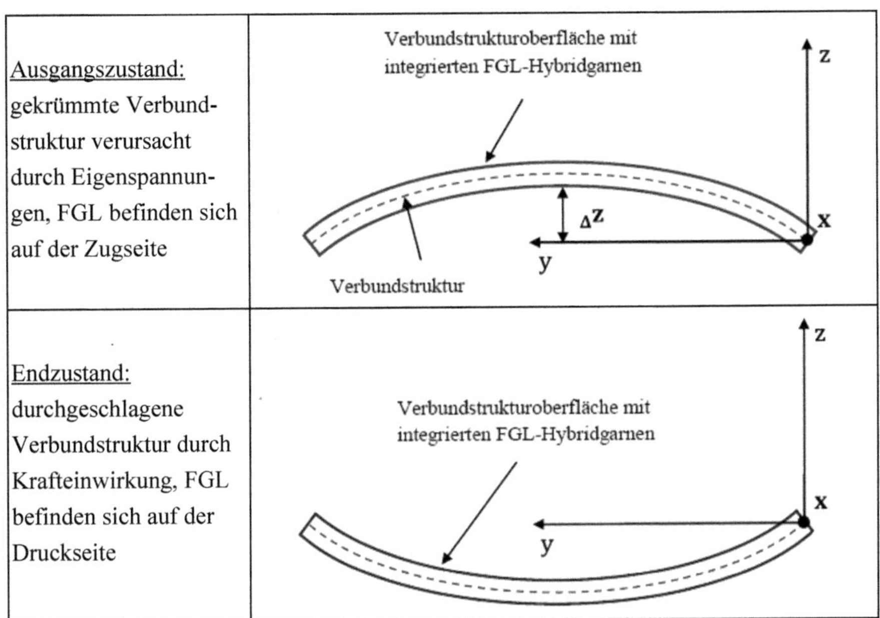

Abb. 6.2: Ausgangs- und Endzustand der beabsichtigten Verformung des Demonstrators

Die geometrischen Verhältnisse der jeweiligen Zustandslagen sind in der Abbildung 6.3 gezeigt.

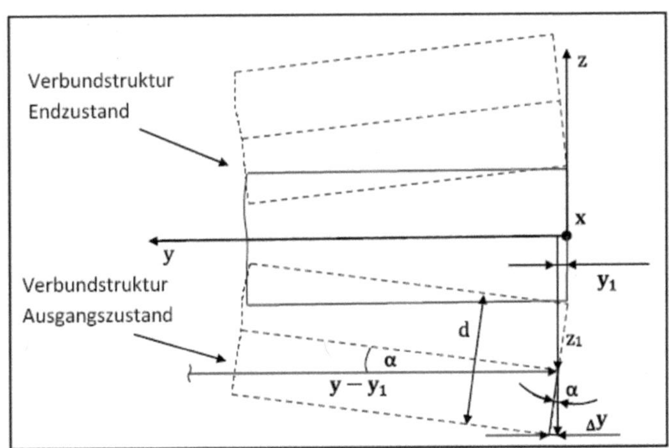

Abb. 6.3: Geometrieverhältnisse in den jeweiligen Zustandslagen

Resultierend aus den geometrischen Verhältnissen folgt für die Längendifferenz $_\Delta l$ der FGL zwischen dem Ausgangs- und dem Endzustand:

$$_\Delta l = 2 \cdot {_\Delta y} \, .$$

Δl – Längendifferenz, l/m

Δy – Längendifferenz in y-Richtung, y/m

(6.1)

Für den Winkel α folgt:

$$tan\,\alpha = \frac{z_1}{y - y_1} ,$$

α – Winkel zw. neutraler Linie u. y-Achse, $\alpha/°$

z_1 – Abstand in z-Richtung bei y = 125 mm, z/m

y – ½ Verbundstrukturlänge, y/m

y_1 – Abstand in y-Richtung zw. Ausgangszustand und ebener Struktur, y/m

(6.2)

mit $z_1 = 4$ mm, $y = 125$ mm und $y_1 = 0{,}039$ mm. Damit kann aus der Winkelfunktion

$$\sin\,\alpha = \frac{_\Delta y}{d\,/\,2} ,$$

d – Verbundstrukturdicke, d/m

(6.3)

mit $d = 1{,}8\ mm$ nach Umstellung $_\Delta y$ bestimmt werden:

$$_\Delta y = \frac{d}{2} \cdot \sin\,\alpha$$

(6.4)

Die Längendifferenz der FGL zwischen dem Ausgangs- und dem Endzustand beträgt $_\Delta l = 0{,}0576$ mm. Daraus ergibt sich für die einzelnen FGL-Hybridgarnvarianten ein in Tabelle 6-4 dargestellter Kraftverlust F_{VR} der FGL durch Reibung zwischen Kern und Mantel:

$$F_{VR} = f_L \cdot {_\Delta l} ,$$

F_{VR} – Kraftverlust, F/N

f_L – längenspezifische Ausziehkraft, F/N·m^{-1}

Δl – Längendifferenz, l/m

(6.5)

mit der längenspezifischen Ausziehkraft f_L aus Tabelle 6-1.

Tabelle 6-4: Kraftverlust durch Reibung im FGL-Hybirdgarn

Mantelfeinheit Tt/tex	600		900	
FGL	2a	3a	2a	3a
Kraftverlust F_{VR}/N	0,83	0,65	0,84	0,71

Die Längendifferenz $_\Delta l$ der FGL entspricht bei einer Einspannlänge $l = 250$ mm einer Dehnung:

$$\varepsilon_{VZ} = \frac{\Delta l \cdot 100\%}{l}, \qquad \begin{array}{ll} \varepsilon_{VZ} & - \text{Dehnung, } \varepsilon/\% \\ \Delta l & - \text{Längendifferenz, } l/m \\ l & - \text{Einspannlänge, } l/m \end{array} \qquad (6.6)$$

von $\varepsilon_{VZ} = 0,02304\%$. Die sich daraus ergebende Reduktion der Zugkraft F_{VZ} durch das Zusammenziehen der FGL 2a und 3a ist in Tabelle 6-5 aufgelistet und errechnet sich mit

$$F_{VZ} = \frac{F_{V(0,3\%)} \cdot \varepsilon_{VZ}}{0,3\%}. \qquad \begin{array}{ll} F_{VZ} & - \text{Zugkraftverlust, } F/N \\ F_{V(0,3\%)} & - \text{Zugkraftverlust bei einer} \\ & \quad \text{Dehnung } \varepsilon = 0,3\%, F/N \\ \varepsilon_{VZ} & - \text{Dehnung, } \varepsilon/\% \end{array} \qquad (6.7)$$

Der Kraftverlust $F_{V(0,3\%)}$ ist in Kapitel 3 in den Kraft-Dehnungs-Hystereseversuchen zwischen einer Dehnung von $\varepsilon = 0,3\%$ ermittelt und wird hier als Mittelwert der fünf Zyklen sowie idealisiert als linearer Kraftabfall zu Grunde gelegt.

Tabelle 6-5: Zugkraftverlust durch das Zusammenziehen der Formgedächtnisdrähte

FGL	2a	3a
Kraftverlust $F_{V(0,3\%)}$/N	8,1	5,3
Zugkraftverlust F_{VZ}/N	0,622	0,407

Die Formgedächtnisdrähte werden unter Berücksichtigung der auftretenden Kräfte im OE-Friktionsspinnprozess und der damit eingebrachten pseudoplastischen Dehnungen bis zu einer eingeprägten Gesamtdehnung ε_{pp15N} vorgedehnt. Damit bilden die für jede Legierung ermittelten Rückstellkräfte F_{R15N} und der

Kraftverlust F_{VR} sowie des Zugkraftverlustes F_{VZ} durch das Zusammenziehen der FGL die Grundlage der Kräftebilanz mit:

$$F_{FGL} = F_{R15N} - F_{VR} - F_{VZ}.$$

F_{FGL} – Kraft pro FGL, F/N
F_{R15N} – Rückstellkraft, F/N
F_{VR} – Kraftverlust, F/N
F_{VZ} – Zugkraftverlust, F/N

(6.8)

Dabei ist zu beachten, dass sich der Zugkraftverlust linear zur eingebrachten Dehnung verhält. Das bedeutet, dass der Zugkraftverlust im Ausgangszustand der Verbundstruktur null ist und im Endzustand seinen Maximalwert erreicht. Die Tabelle 6-6 gibt die theoretisch eingebrachten und die benötigten Kräfte an. Die in Klammern geschriebenen Kraftwerte für die Kraft F_{FGL} sind die sich im Endzustand der verformten Verbundstruktur einstellenden Werte.

Tabelle 6-6: Theoretische Kraft- und Verschiebungswerte durch Integration der FGL

Mantelfeinheit Tt/tex	900	
FGL	2a	3a
Kraft (pro FGL) F_{FGL}/N	14,06 (13,44)	25,59 (25,18)
Kraft (alle FGL) F_{FGL}/N	281,2 (268,8)	511,8 (503,7)
Kraft $F_{FGL/sim}$/N	499,0	499,0
z-Verschiebung (bei s = 125 mm) $u_{z/theor}$/mm	4,5	8,0

Damit ergibt sich die Gesamtkraft aller 20 integrierten Formgedächtnisdrähte vor der Verformung der Verbundstruktur für die Legierung 2a zu 281 N und für die Legierung 3a zu 512 N. Die zu erwartende Verschiebung in z-Richtung bei $l = 125mm$ beträgt für die Legierung 2a $|u_z| = 4,5\ mm$ und für die Legierung 3a $|u_z| = 8,0\ mm$. Somit müsste der Demonstrator mit der FGL 2a nach der Aktivierung des Formgedächtniseffekts mittels Joul'scher Wärme eine nahezu ebene Verbundstrukturform und der Demonstrator mit der FGL 3a einen durchgeschlagenen Zustand, ähnlich der 1. Verformungsanalyse, einnehmen. Welche Verformungen durch das Auslösen des Formgedächtniseffekts letztendlich entstehen, wird mit den Demonstratoren untersucht.

Unberücksichtigt bleibt bei den theoretischen Betrachtungen die Streckenlast q, die durch das Zusammenziehen der FGL in z-Richtung der gekrümmten Verbundstruktur entsteht, wie in Abbildung 6.4 schematisch gezeigt. Diese Kraftkomponente führt zu einer weiteren Reduzierung der durch die Formgedächtnisdrähte erzeugten und für die Verformung der Verbundstruktur benötigten Kräfte. Des Weiteren hat sie einen direkten Einfluss auf die Stabilität der Verbundstruktur, welcher in weiteren Untersuchungen bzw. Simulationen zu ermitteln ist.

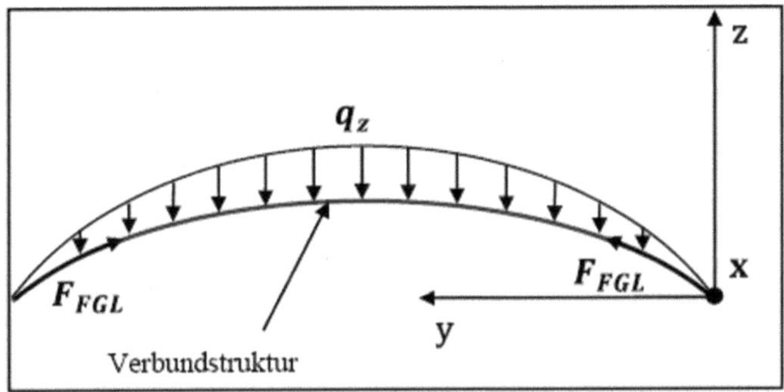

Abb. 6.4: Entstehende Querkraft bei einer durch die FGL wirkenden Zugkraft in einer gekrümmten Verbundstruktur

6.2 Herstellung der Demonstratoren

Die Herstellung der Demonstratoren erfolgt auch, wie schon die der Verbundstrukturen für die experimentellen Untersuchungen, in der RTM-Laboranlage. Die FGL-Hybridgarne werden von Hand auf der Unterseite des RTM-Werkzeuges abgelegt. Darauf wird das biaxial-verstärkte textile Verstärkungshalbzeug, mit der Schussseite zu den FGL gewandt, angeordnet und durch das Oberteil des RTM-Werkzeuges verschlossen. Diese Anordnung hat den Vorteil, dass sich die Fließfront des Harzes durch die Schuss- und Kettfäden des obenliegenden Verstärkungshalbzeuges gleichmäßig ausbreitet und nicht durch die FGL-Hybridgarne behindert wird. Die Abbildung 6.5 zeigt links die fixierten FGL-Hybridgarne auf dem RTM-Unterteil und rechts das auf den FGL-Hybridgarnen abgelegte Verstärkungshalbzeug.

Abb. 6.5: RTM-Werkzeug mit FGL-Hybridgarnen (links) und mit Verstärkungshalbzeug (rechts)

Für die Temperaturüberwachung der Formgedächtnisdrähte erfolgt die Integration eines Thermoelements vom Typ K, um während der Funktionsüberprüfung eine Überhitzung der Formgedächtnisdrähte bei der Erwärmung mittels elektrischen Stroms zu vermeiden. Das Thermoelement wird mit einem Formgedächtnisdraht mechanisch verbunden, sodass die Temperturmessstelle in der späteren Verbundstruktur liegt. Die so hergestellte Verbundstruktur ist als Demonstrator der integrierten FGL 3a in der Abbildung 6.6 dargestellt. Gekennzeichnet ist in der Abbildung 6.6 auch der Bereich, bei dem ein Kontakt zwischen Matrix und FGL für die Krafteinleitung vorgesehen und realisiert ist.

Abb. 6.6: Verbundstruktur mit integrierten Formgedächtnisdrähten vom Typ 3a

Das Aufheizen der Formgedächtnisdrähte erfolgt durch Joul´sche Wärme, die durch den ohmschen Widerstand eines stromdurchflossenen elektrischen Leiters entsteht. Die elektrischen Kennwerte der FGL 2a und 3a sind in der Tabelle 6-7, speziell auf die Anwendung im Demonstrator bezogen, angegeben. Der längenspezifische Widerstand r_l mit:

$$r_l = \frac{\rho}{A_0},$$

r_l – längenspezifische Widerstand, $r/\Omega\cdot m^{-1}$
ρ – spezifischer elektrischer Widerstand, $\rho/\Omega\cdot m$ (6.9)
A_0 – Querschnittsfläche, A/m^2

gibt den elektrischen Widerstand pro Längeneinheit der FGL an. Die in der Verbundstruktur eingebettete Drahtlänge für die einzelne Legierung beträgt 250 mm, zuzüglich 200 mm für die Anschlussrealisierung. Die Gesamtlänge der FGL ist damit $l_{FGL} = 0{,}45\,m$. Der elektrische Widerstand R jedes Formgedächtnisdrahtes berechnet sich mit:

$$R = r_l \cdot l_{FGL} \cdot$$

R – elektrischer Widerstand R/Ω
l_{FGL} – Länge, l/m (6.10)

Tabelle 6-7: Elektrische Kennwerte der FGL 2a und 3a

FGL-Draht	2a	3a
Durchmesser d/mm	0,259	0,201
spezifischer elektrischer Widerstand $\rho/10^{-8}\cdot\Omega\cdot m$	123,167	88,705
längenspezifischer elektrischer Widerstand $r_l/\Omega\cdot m^{-1}$	23,378	27,955
elektrischer Widerstand R/Ω pro FG-Draht im Demonstrator	10,520	12,580

Um eine gleichmäßige Erwärmung der Formgedächtnisdrähte zu gewährleisten, wird der elektrische Anschluss als Reihenschaltung vorgenommen. Somit fließt durch jeden Formgedächtnisdraht der gleiche elektrische Strom. Längenschwankungen der Drähte und damit einhergehenden Schwankungen des elektrischen Widerstandes werden damit unbedeutend. Die Spannungsversorgung wird über einen 250V-Trennstelltransformator Typ TRT 250V/6A realisiert und die Spannung wird auf 220 V voreingestellt. Damit ergeben sich die Kennwerte für den elektrischen Strom mit:

$$I = \frac{U}{R},$$

$$
\begin{aligned}
&I &&- \text{Stromstärke, I/A}\\
&U &&- \text{Spannung, U/V}\\
&R &&- \text{elektrischer Widerstand, R/}\Omega
\end{aligned}
$$

(6.11)

und für die elektrische Leistung mit:

$$P_{el} = \frac{U^2}{R}.$$

P_{el} – elektrische Leistung, P_{el}/W

(6.12)

Die sich daraus ergebenden elektrischen Anschlusswerte sind in der Tabelle 6-8 gezeigt.

Tabelle 6-8: Elektrische Anschlusswerte der Demonstratoren

Demonstrator	1	2
integrierte FGL	2a	3a
Spannung U/V	220	220
elektrischer Strom I/A	1,046	0,874
elektrische Leistung P_{el}/W	230,1	192,4

Außerhalb der Verbundstruktur werden die Formgedächtnisdrähte mit einer Isolation versehen, um einen Kontakt der Drähte zwischen der Verbundstruktur- kante und den mechanischen Verbindungstellen an den Enden der Drähte zu verhindern. Der für die Funktionsprüfung vorbereitete Demonstrator 2 der FGL 3a ist in der Abbildung 6.7 veranschaulicht.

Abb. 6.7: Demonstrator mit der integrierten FGL 3a vorbereitet für die Prüfung

6.3 Funktionsprüfung und Bewertung

Die sich einstellende Krümmung der realen Verbundstruktur wird durch die händisch eingelegten FGL-Hybridgarne stärker beeinflusst als erwartet. Die Tatsache der anderen Krümmungsrichtung muss andere Ursachen haben als der erhöhte Glasfaservolumenanteil auf der Zugseite der Verbundstruktur. Die veränderte Ausgangskrümmung der Verbundstruktur ist in der Abbildung 6.8 schematisch dargestellt.

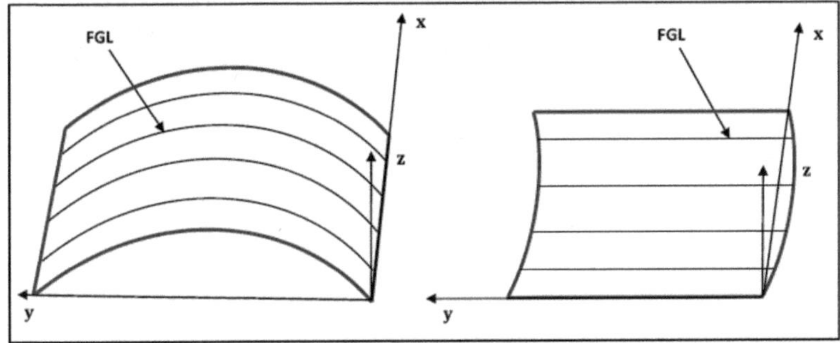

Abb. 6.8: Beabsichtigte Form der Verbundstruktur laut der 1. Verformungsanalyse links und tatsächliche Form nach der händischen Integration der FGL-Hybridgarne rechts

Wahrscheinlich ist die Überlagerung mehrerer Effekte ausschlaggebend für die andere Krümmungsrichtung.

Die FGL-Hybridgarne sind, bedingt durch ihre Garnstruktur, nicht in dem Maße kompressibel wie die reinen Verstärkungsfilamentgarne. Die FGL-Hybridgarne besitzen auch nach der Konsolidierung ihre nahezu runde Querschnittsform und sind nicht so zusammengedrückt wie die Verstärkungsfilamentgarne, siehe Abbildung 6.9.

Diese Tatsache bedingt zwei Effekte. Zum einen verschiebt sich das biaxial-verstärkte Gestrick aus der Verbundstrukturmitte, hier in Kettrichtung. Die Schussseite mit der geringeren Verstärkungsfadenfeinheit nimmt nach der Integration der FGL-Hybridgarne zweidrittel der Verbundstrukturdicke ein. Damit ist die in der Simulation angenommene gleichmäßige räumliche Verteilung der Schuss- und der Kettlage in der Verbundstruktur nicht mehr gegeben. Zum anderen ist auf der Verbundstrukturoberseite eine Art Rippenstruktur, erzeugt durch die FGL-Hybridgarne, zu erkennen. Diese Rippenstruktur wirkt sich stabilisierend in die y-Richtung aus, sodass sich die Verbundstruktur in die x-Richtung krümmt.

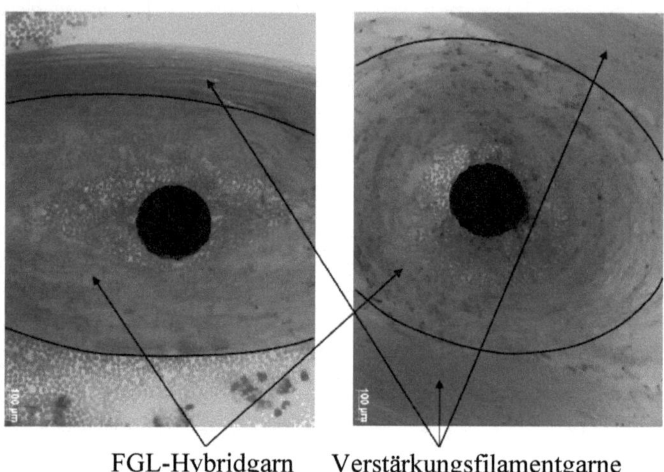

Abb. 6.9: **Konsolidierte biaxial-verstärkte Verbundstruktur mit integrierten FGL-Hybridgarnen im Querschnitt**

Die Demonstratoren werden trotz der veränderten Ausgangskrümmung der Prüfung unterzogen, um festzustellen, ob eine Kraftwirkung der integrierten FGL vorhanden ist. Die Beurteilung der sich einstellenden Verformung erfolgt rein visuell. Eine quantitative Messung der Verformung ist aufgrund der heraushängenden Drähte und der elektrischen Kontaktierungsstellen schwierig. In den Abbildungen 6.10 und 6.11 sind die sich einstellenden Verformungen der Verbundstrukturen nach der Aktivierung des Formgedächtniseffekts durch die Erwärmung der FGL 2a und 3a über TTR gezeigt. Die Temperatur wird in einem Bereich von 120-130 °C eingestellt und ständig überprüft, sodass es zu keiner Überhitzung der Formgedächtnisdrähte kommt.

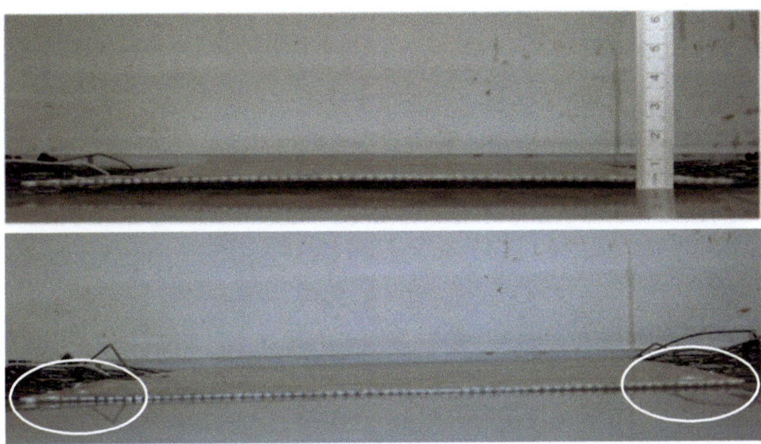

Abb. 6.10: Demonstrator der FGL 2a vor der Erwärmung oben und nach der Erwärmung der FGL über TTR unten

In der Abbildung 6.10 ist deutlich zu erkennen, dass bei der Erwärmung der FGL 2a über TTR eine Formänderung der Verbundstruktur auftritt. Es stellt sich eine nahezu ebene Verbundstruktur ein. In dem unteren Bild der Abbildung 6.10 ist sogar ein leichtes Abheben der vorderen Ecken von der Unterlage erkennbar.

Abb. 6.11: Demonstrator der FGL 3a vor der Erwärmung oben und nach der Erwärmung der FGL über TTR unten

Auch der Demonstrator der FGL 3a zeigt nach der Aktivierung des Formgedächtniseffekts eine Formänderung der Verbundstruktur. Hier ist deutlich ein Richtungswechsel der Krümmung um 90° zu erkennen (durch die Pfeile veranschaulicht). Hier ist zusätzlich während der Aktivierung des Formgedächtniseffektes außerhalb der Verbundstruktur ein deutliches Zusammenziehen der FGL und eine damit einhergehende Kraftwirkung wahrzunehmen. Somit ist nachgewiesen, dass auch nach der textilen Verarbeitung der FGL zu Hybridgarnen und der Integration der FGL-Hybridgarne in eine Verbundstruktur der Formgedächtniseffekt vorhanden ist und für die Verformung von Faserverbundstrukturen genutzt werden kann.

6.4   Resümee

Prinzipiell ist mit dem Nachweis einer Kraftwirkung der Formgedächtnislegierung in der konsolidierten Verbundstruktur die erfolgreiche Funktionsüberführung der Formgedächtnisdrähte durch die Integration über eine Hybridgarnkonstruktion realisiert. Kritisch müssen die sich durch die Integration der FGL-Hybridgarne ergebenen Bedingtheiten hinsichtlich der Lage der Verstärkungsstruktur im Verbund und der sich einstellenden Verbundstrukturgestalt sowie die daraus resultierenden geänderten Spannungsverhältnisse im Verbund betrachtet werden. Dabei wird bei den hier verwendeten schlanken und dünnwandigen Leichtbaustrukturen die Tragfähigkeit unter Druck und Schubspannungen weniger durch die Materialfestigkeit sondern mehr durch die kritischen Spannungen im Knick- und Beulbereich begrenzt [9]. In dem vorliegenden Fall werden bei nahezu gleicher Materialzusammensetzung durch die Integration der FGL-Hybridgarne die Spannungen im Knick- und Beulbereich bei etwa gleicher Materialfestigkeit entschieden verändert.

Die hier auftretenden zwei Erscheinungen, die Verschiebung der Verstärkungsstruktur aus der Verbundstrukturmitte und die sich ausbildende Rippenstruktur, müssen dabei getrennt voneinander betrachtet und berücksichtigt werden. Die Verschiebung des biaxial-verstärkten Gestrickes aus der Verbundstrukturmitte ist dabei einfach zu behandeln. Die sich tatsächlich einstellende Einzelschichtdicke der Verbundstruktur ist zu messen oder zu berechnen. Danach ist der Faservolumengehalt φ der Einzelschicht zu ermitteln und mit Hilfe der Mischungsregeln die mechanischen Kennwerte E-Moduli E_1 und E_2, Querkontraktionszahl v und Schubmodul G der Einzelschicht zu berechnen. Nach der Ermittlung der thermischen Ausdehnungskoeffizienten parallel und quer zur Faserrichtung kann die Simulation des Verformungsverhaltens der biaxial-verstärkten Verbundstruktur, verursacht durch Eigenspannungen, erneut durchgeführt werden.

Für die Berücksichtigung der entstehenden Rippenstruktur auf der Verbundstrukturoberseite, erzeugt durch die FGL-Hybridgarne, muss für die Simulation ein anderer Ansatz gewählt werden. Die hier im Modell beschriebenen anisotropen Einzelschichten der biaxial-verstärkten Gestrickstruktur mit gestreckt liegenden Verstärkungsfasern und transversalisotropen sowie quasihomogenen Eigenschaften im Verbund ist auf eine längsversteifte Platte oder einen Plattenstreifen, mit z. B. Längsrippen, mit orthotropen Eigenschaften zu erweitern. Hierfür muss ein neuer Modellierungsansatz gewählt werden und ist in fortführenden Arbeiten zu untersuchen.

7 Zusammenfassung und Ausblick

7.1 Zusammenfassung

Durch die Integration von multifunktionalen Komponenten in Verbundwerkstoffe ist es möglich, eine neue Generation von Strukturen und Bauelementen zu realisieren, die sowohl sensorische bzw. aktorische Eigenschaften aufweisen als auch selbstregulierend auf äußere Einflüsse reagieren. Bei der Entwicklung sogenannter adaptiver Strukturen werden im Wesentlichen die beiden Zielrichtungen der Strukturüberwachung und der Strukturregulierung verfolgt. Aus dieser Motivation resultiert das grundsätzliche Ziel dieser Arbeit, einen Beitrag zur aktiven Funktionalisierung von Faserverbundstrukturen durch die Verarbeitung von speziellen Funktionskomponenten durch den gesamten Fertigungsprozess von der Einzelkomponente zum Faserverbundbauteil, unter Beachtung der hohen mechanischen und zum Teil thermischen Belastungen in den einzelnen Prozessstufen, zu leisten. Der Fertigungsprozess beinhaltet bei der Herstellung von faserverstärkten Kunststoffbauteilen mit integrierten Hybridgarnen als Funktionsträger die Einzelprozesse der Hybridgarnherstellung, der Fertigung der textilen Halbzeuge sowie der Preform- und der Bauteilherstellung. In dieser Arbeit steht die Integration von speziellen FGL-Hybridgarnen in Verstärkungshalbzeuge und die Ausnutzung des Formgedächtniseffekts zur Formgebung der funktionalisierten und konsolidierten Verbundstruktur im Fokus der Untersuchungen. Die Kombination von leistungsfähigen Leichtbau-Konstruktionen mit einer durch ein Hybridgarn integrierten zusätzlichen Funktion, wie hier der Strukturregulierung, die Multifunktionalität der integrierten Komponente und die kostengünstige Herstellung der Bauteile durch automatisierte Fertigungsprozesse stellen einen innovativen Beitrag für die Entwicklung von neuartigen funktionsintegrierenden Leichtbaukonzepten dar.

Als Folge der vielfältigen Möglichkeiten einer Funktionalisierung von Faserverbundwerkstoffen, angefangen von der Atomebene bis hin zur Komponentenebene, ist eine eindeutige Einteilung der Art und Weise der Funktionalisierung unumgänglich. Hier wird an die gebräuchliche Einteilung der aktiven und passiven Funktionalisierung angelehnt. Durch die Definition der Wirkungsweise von aktiver und passiver Funktionalisierung und der Zuordnung von entsprechend wirkenden

Komponenten wird eine Auswahl für eine textiltechnologische Verarbeitung geeigneter Komponenten getroffen. Nach der Analyse und der Bewertung der Komponenten hinsichtlich ihrer aktiven Wirkung in FVW, ihrer Eignung schädigungsarm textiltechnologisch verarbeitbar zu sein und ihres Potenzials, die Funktion auch nach der Konsolidierung im Verbund auszuüben, stellen sich FGL aufgrund ihres hohen Leistungsvermögens als äußerst zweckmäßig heraus.

Die Charakterisierung und die Bewertung der FGL hinsichtlich ihres thermomechanischen Materialverhaltens erfolgt an sechs kommerziell erhältlichen Legierungen, die sich zum einen in der Legierungsart, in unterschiedlichen Wärmebehandlungsmethoden und zum anderen in variierenden Durchmessern und Oberflächeneigenschaften unterscheiden. Die Ergebnisse zeigen, dass sich eine thermomechanische Behandlung oder eine Wärmebehandlung positiv auf das Leistungspotential der FGL auswirken und somit die FGL bei gleicher eingebrachter pseudoplastischer Dehnung höhere nutzbare Rückstellkräfte aufweisen. Dabei wirkt sich eine Oberflächenbehandlung negativ auf die Formgedächtniseigenschaften aus. Eine Wärmeeinwirkung während des Konsolidierungsvorganges deutlich über der TTR, wirkt sich ebenfalls negativ auf die Eigenschaften der Legierungen aus und führt teilweise zum völligen Verlust der Formgedächtniseigenschaften. Dieser schädigende Einfluss einer zu hohen Temperatur ist bei thermomechanisch behandelten und bei wärmebehandelten Legierungen geringer als bei den unbehandelten Legierungen. Die Möglichkeit, durch geeignete Trainingszyklen den Verlust der Formgedächtniseigenschaften nach einer Überhitzung in weiten Bereichen rückgängig zu machen, ist ein sehr erfolgversprechendes Ergebnis, die FGL auch in thermoplastischen FVW einsetzen zu können. Dafür sind jedoch die gestreckte Lage und die freie Beweglichkeit der FGL im konsolidierten Verbundwerkstoff oder Bauteil eine unabdingbare Voraussetzung.

Die Hybridgarnentwicklung konzentriert sich auf die Gewährleistung einer vollständigen Abdeckung der FGL im Kern des Garnes durch Glasfasern und auf die gute Verarbeitbarkeit dieser FGL-Hybridgarne in textile Verstärkungsstrukturen. Die geeignete Hybridgarnstruktur weist dabei eine ausreichend hohe Mantelaufschiebefestigkeit auf, um den textilen Flächenbildungsprozess annähernd ohne Beschädigungen zu überstehen. Der Mantel muss dabei so um die FGL angeordnet sein, dass er die Bewegung des Formgedächtnisdrahtes nur minimal beeinflusst. Eine Herausforderung stellt bei der hier verwendeten duroplastischen Matrix die Mantelstruktur dar, die so kompakt zu gestalten ist, dass die FGL im Kern auch nach der textiltechnologischen Integration vor einem Kontakt mit der niedrigviskosen Matrix geschützt wird. Aufgrund dieser Kern-Mantelstruktur des Hybridgarnes lässt sich der Mantel an jeder beliebigen Stelle rückstandsfrei vom Kern lösen und ermöglicht so zum einen die Kontaktierung bei elektrisch leitfähigen Materialien sowie zum anderen die gezielte Krafteinleitung an jeder beliebigen Stelle im FVW. Durch die erfolgreiche Umsetzung der FGL-Hybridgarne wird für den funktionsintegrierenden Leichtbau ein fadenförmiges Halbzeug bereitgestellt, welches sich für die Integration in textile Verstärkungsstrukturen und für die Funktionsgenerierung in FVW eignet.

Für die Realisierung der Funktion Strukturregulierung eines FVW ist, in Abhängigkeit von der eingesetzten Matrix- und Verstärkungskomponente, von der Verstärkungsstruktur und von der Verstärkungsfadenanordnung, die sich einstellende Form der Verbundstrukturen nach der Konsolidierung und die für die Verformung der Verbundstrukturen notwendigen Kräfte durch eine Modellierung und Simulation ermittelt. Daraus abgeleitet ergeben sich die Anordnung und die Anzahl der für eine definierte Verformung der Verbundstrukturen notwendigen FGL. Wie die Simulation zeigt, werden bei einer direkten Integration der FGL in die zu verformende Verbundstruktur, auch bei den hier verwen-deten sehr dünnwandigen Strukturen, sehr große Kräfte für eine Formänderung der Verbundstruktur benötigt.

Aufgrund der speziellen Garnstruktur der durch das OE-Friktionsspinnen hergestellten FGL-Hybridgarne gegenüber den klassischen Filamentgarnen aus reinem Verstärkungsmaterial kommt es während des Konsolidierungsprozesses zu Effekten, die eine andere Verbundstruktur entstehen lassen, als die in der Simulation errechnet. Die FGL-Hybridgarne sind nicht in dem Maße kompressibel wie die reinen Verstärkungsfilamentgarne, was zum einen eine Verschiebung der Verstärkungsstruktur im Verbund und zum anderen eine Art Verstärkungswirkung der Verbundplatte in Form einer Rippenstruktur zur Folge hat. Trotzdem werden durch die Realisierung von zwei konsolidierten Verbundstrukturen mit integrierten FGL-Hybridgarnen und der anschließenden Formänderung, hervorgerufen durch die Krafteinwirkung der FGL, welche über die TTR erwärmt wurden, erfolgreich zwei Demonstratoren umgesetzt.

7.2   Ausblick

Wie schon an den entsprechenden Stellen in der vorliegenden Schrift vermerkt, gibt es offene Problemstellungen und den damit verbundenen Bedarf an weiteren Untersuchungen und Forschungen zur Funktionalisierung von Faserverbundwerkstoffen durch Hybridgarne.

In Hinblick auf die experimentellen Untersuchungen zur Charakterisierung der FGL und der Erkenntnis, dass der Verlust der Formgedächtniseigenschaften infolge zu hoher Temperatureinwirkung durch geeignete Trainingszyklen in weiten Bereichen rückgängig zu machen ist, kann das thermomechanische Verhalten nach den Trainingszyklen hinsichtlich zyklischer Dauerbelastung untersucht werden. Von großem Interesse ist hierbei, ob sich die FGL bei ausreichender Anzahl von Arbeitszyklen für eine Anwendung in thermoplastischen Matrixsystemen eignen.

Die während der textiltechnologischen Verarbeitung der Hybridgarne durch geeignete Flächenbildungsverfahren in Verstärkungsstrukturen auftretenden mechanischen Belastungen und deren Auswirkungen bzw. Einflüsse auf die Formgedächtniseigenschaften sind in weiterführenden Untersuchungen festzustellen. Hier ist besonders die Höhe der wirkenden mechanischen Belastung auf die FGL interessant, um sie bei der Auslegung der FGL hinsichtlich der zu nutzenden Rückstellkräfte berücksichtigen zu können. Des Weiteren sollte der Einfluss weiterer textiler Flächenbildungsverfahren, wie Weben oder Nähwirken, oder textiler Fertigungsverfahren, wie Sticken, untersucht werden.

Wie die Erkenntnisse der Demonstratorherstellung zeigen, ist für den Einsatz von FGL-Hybridgarnen mit einer ausgeprägten Kern-Mantelstruktur integriert in FVW ein anderer Modellierungsansatz zu entwickeln. Hierbei ist die entstehende Rippenstruktur dieser speziellen Hybridgarne zu berücksichtigen. Das hier verwendete Modell anisotroper Einzelschichten einer biaxial-verstärkten Gestrickstruktur, mit gestreckt liegenden Verstärkungsfasern und transversalisotropen sowie quasihomogenen Eigenschaften im Verbund, ist auf eine längsversteifte Platte oder einen Plattenstreifen, z. B. mit Längsrippen mit orthotropen Eigenschaften zu erweitern.

Anhang

Anhang 1: Kraft-Dehnungs-Verhalten der FGL aus dem einfachen Zugversuch

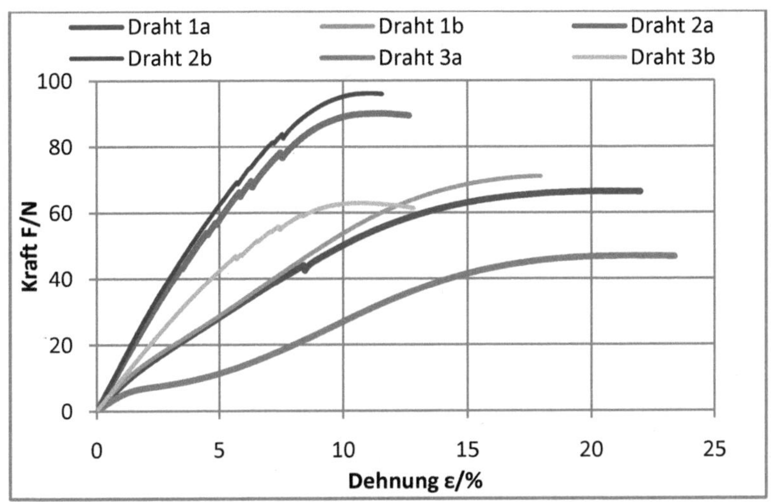

Anhang 2: Hystereseversuch ohne Egalisierung

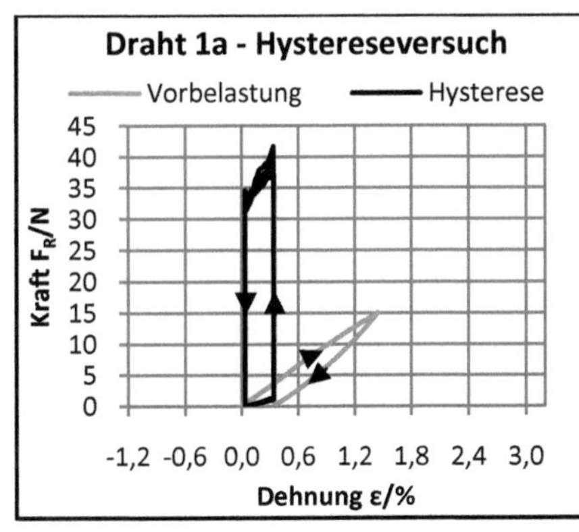

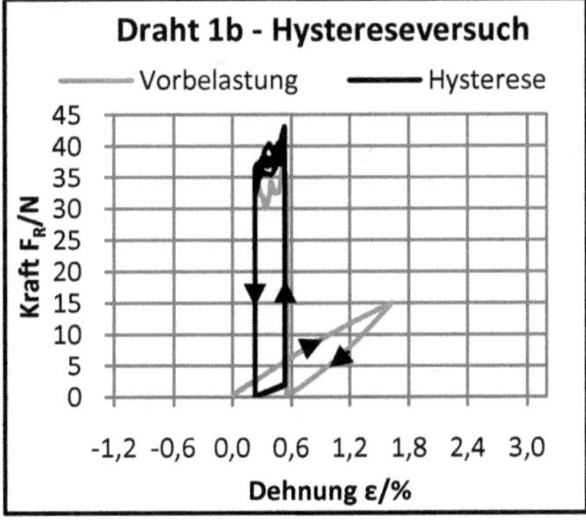

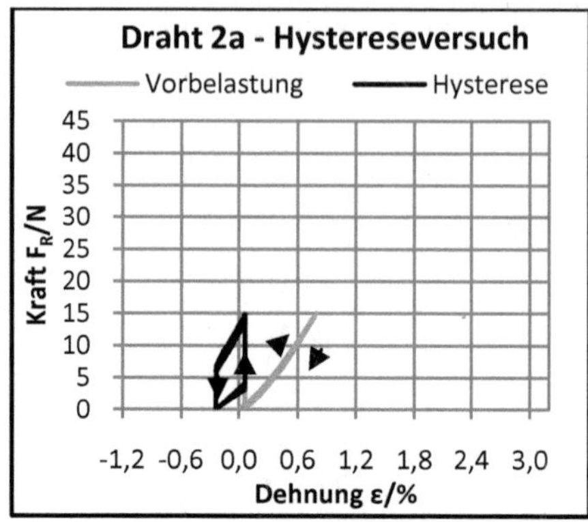

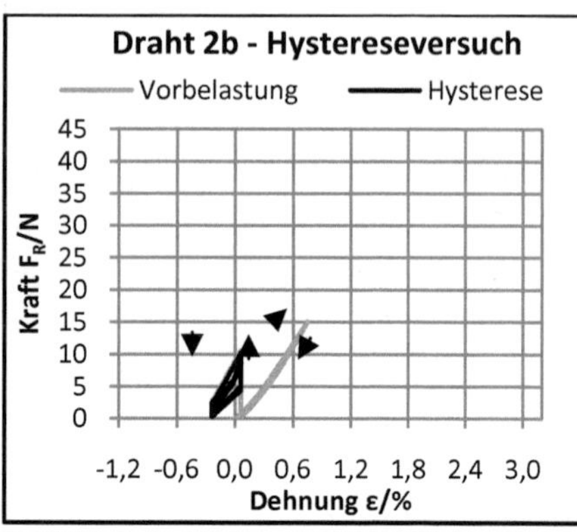

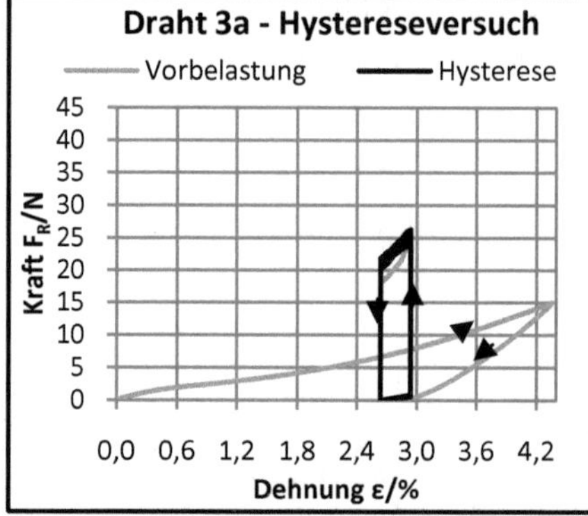

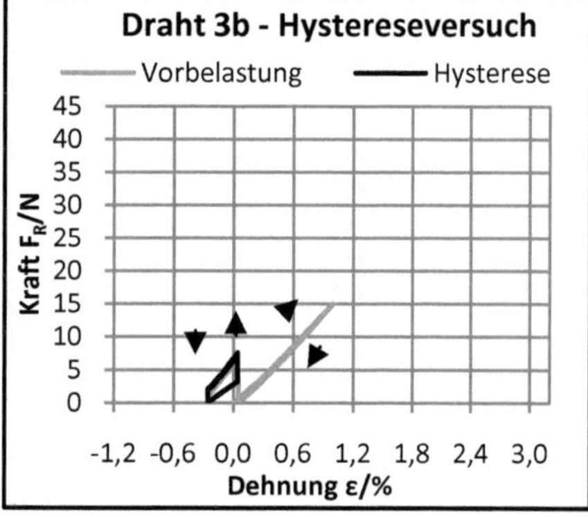

Anhang 3: Hystereseversuch nach Egalisierung

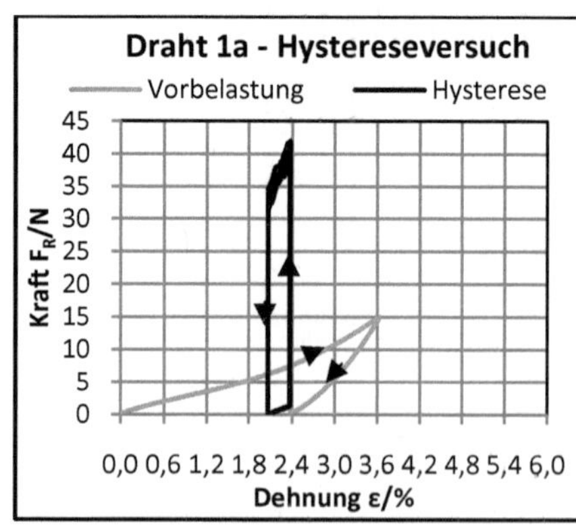

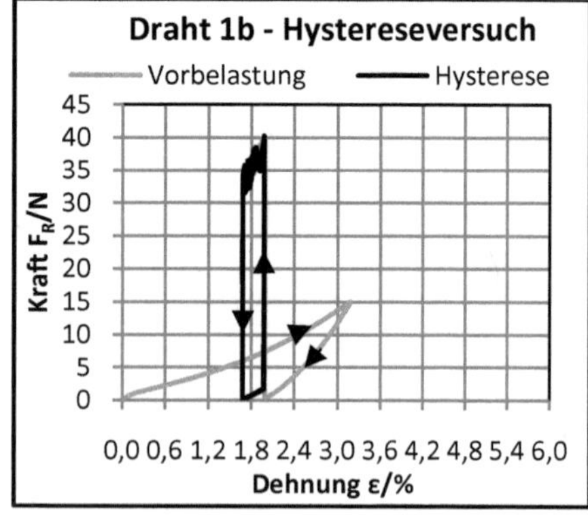

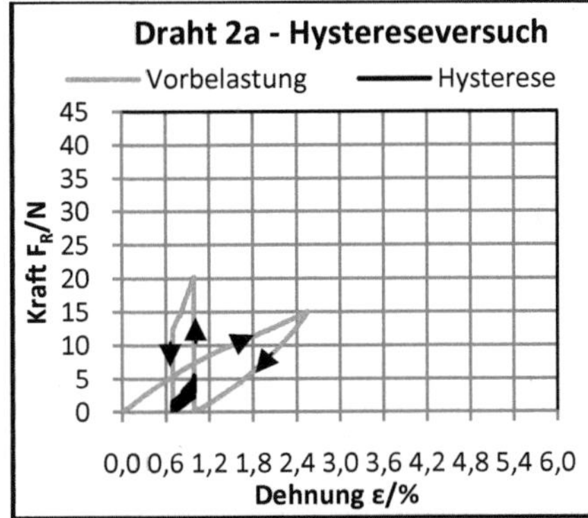

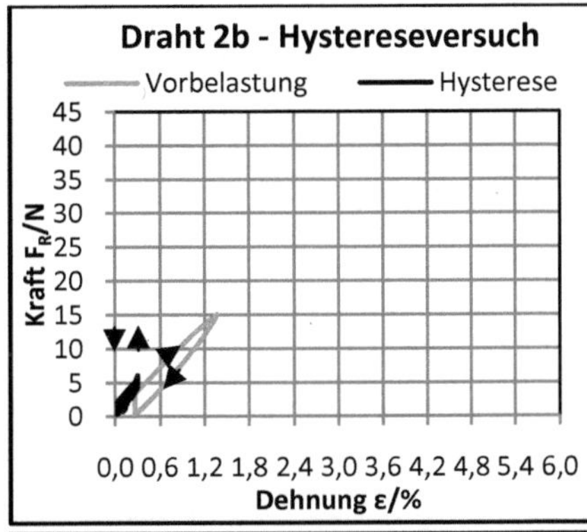

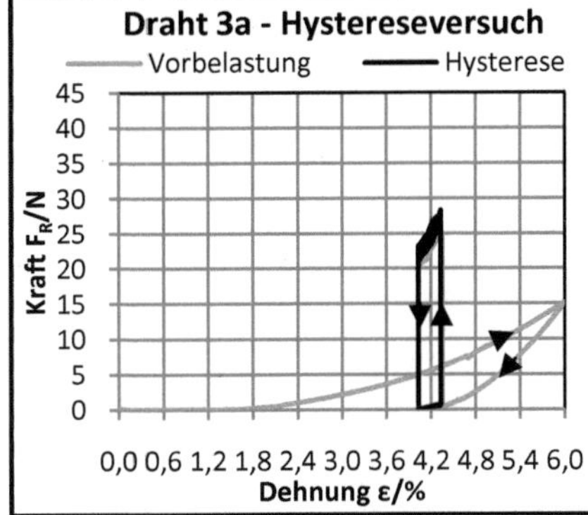

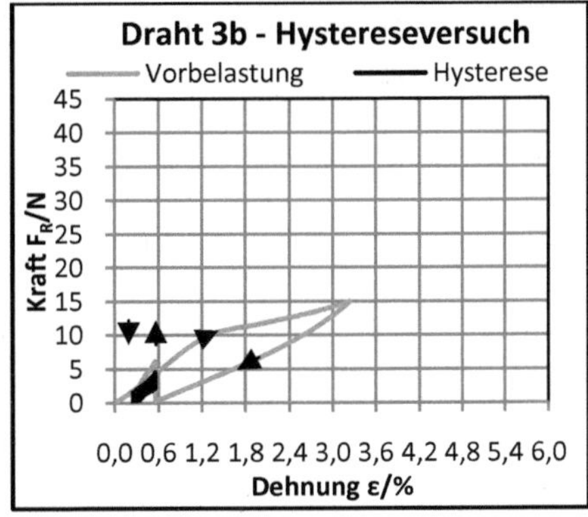

Anhang 4: Eigenschaftsverlust nach der Konsolidierung

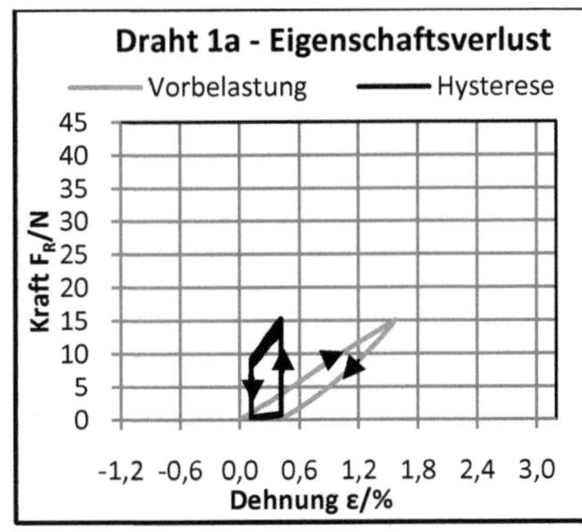

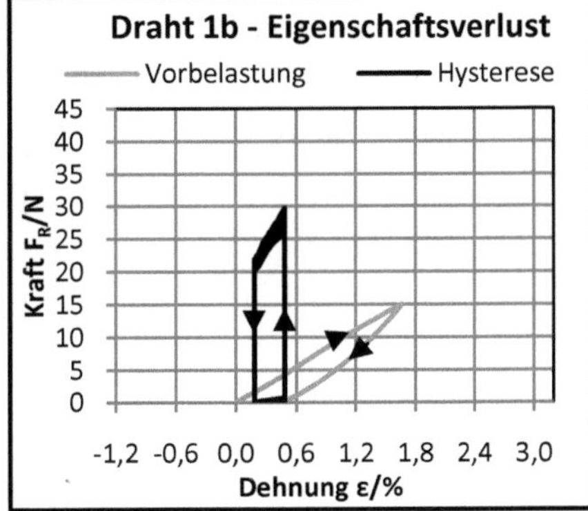

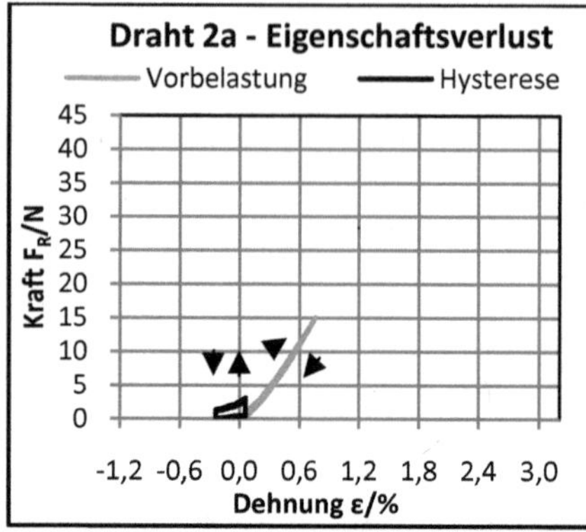

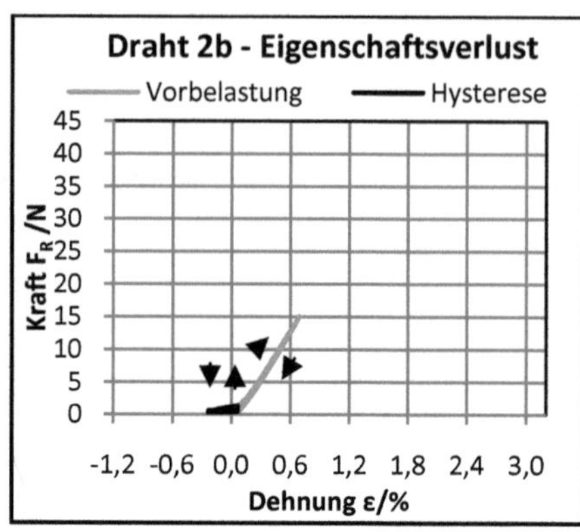

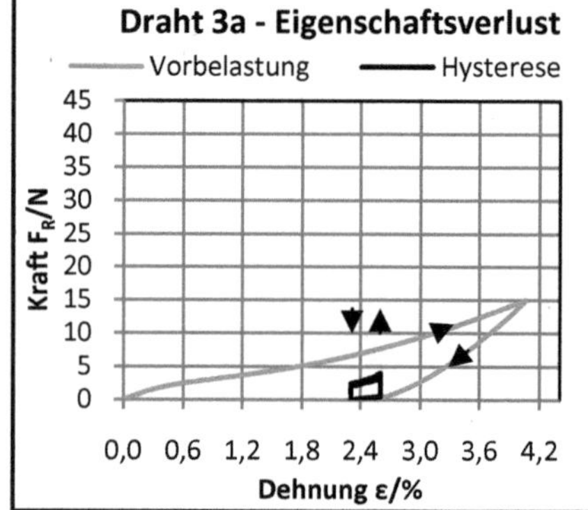

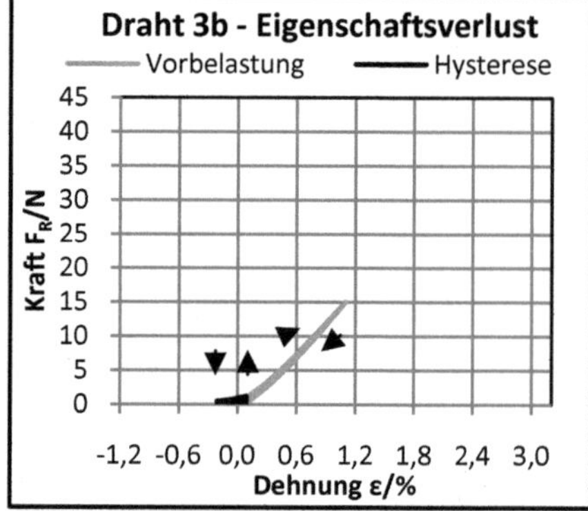

Anhang 5: Kraft-Verlauf in den Hysteresezyklen ohne und mit Egalisierung

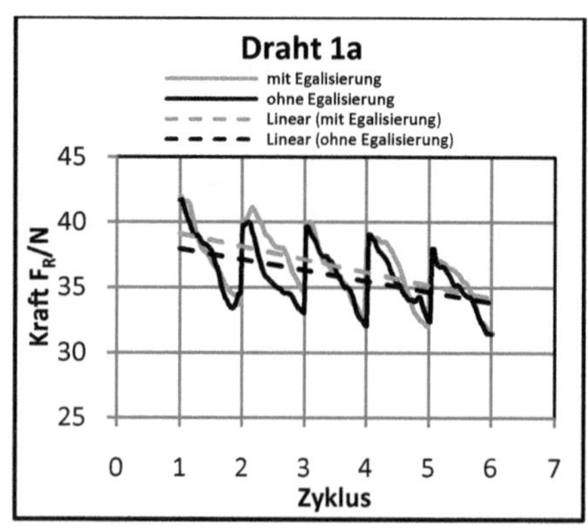

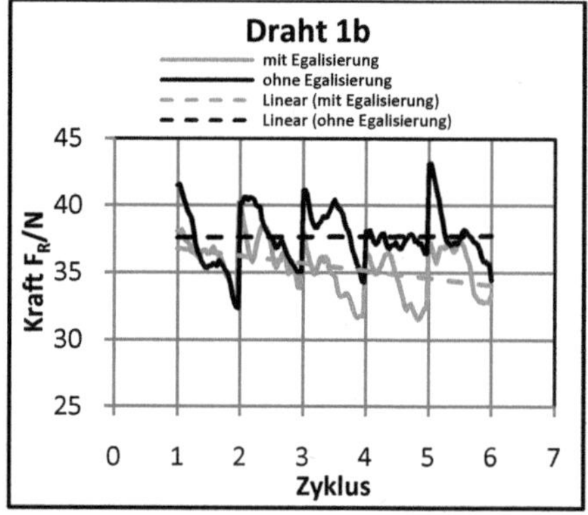

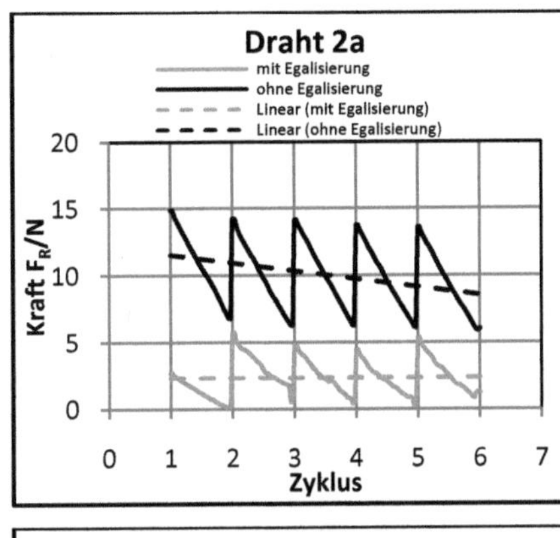

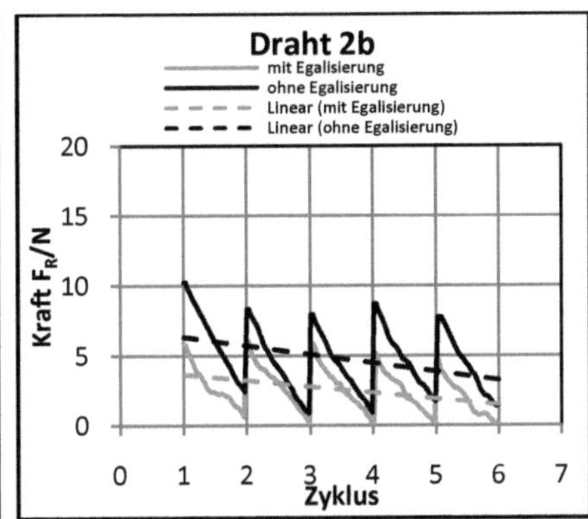

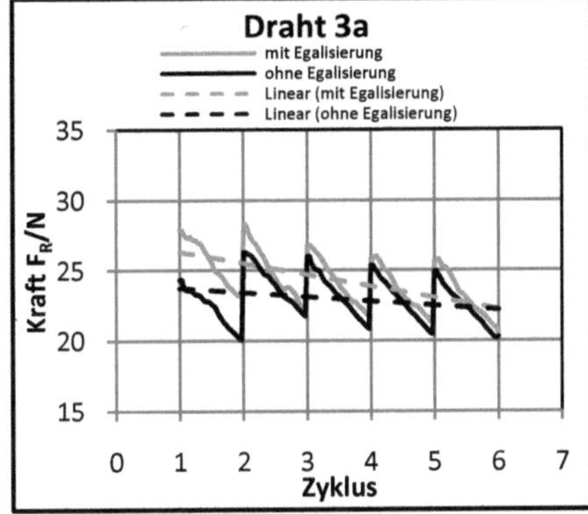

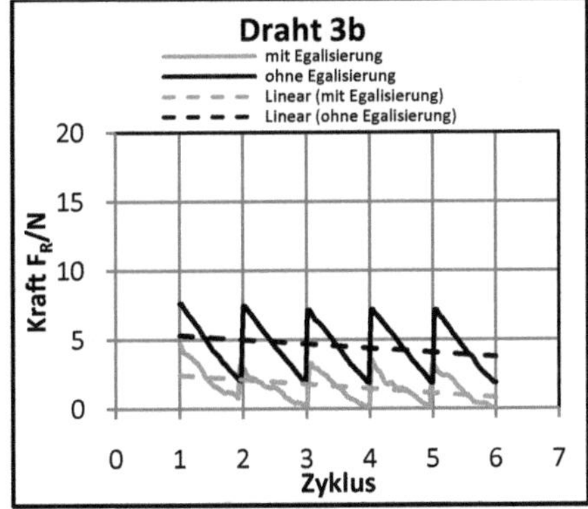

Anhang 6: Kraft-Verlauf in den Hysteresezyklen ohne Egalisierung sowie nach Konsolidierung und Trainingszyklen

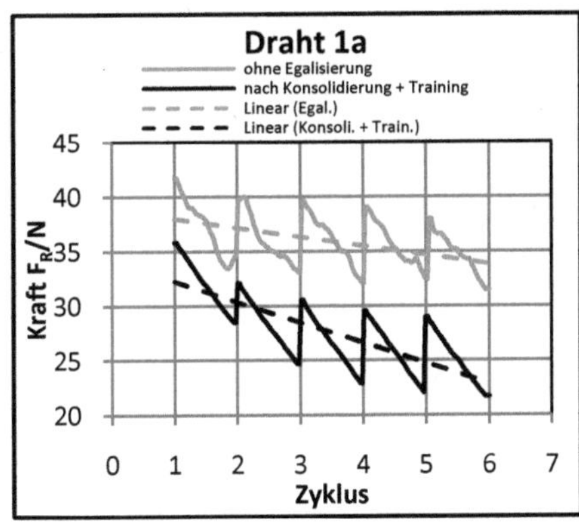

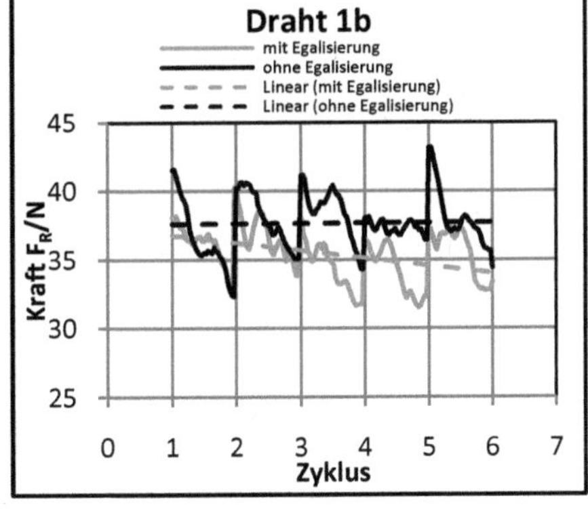

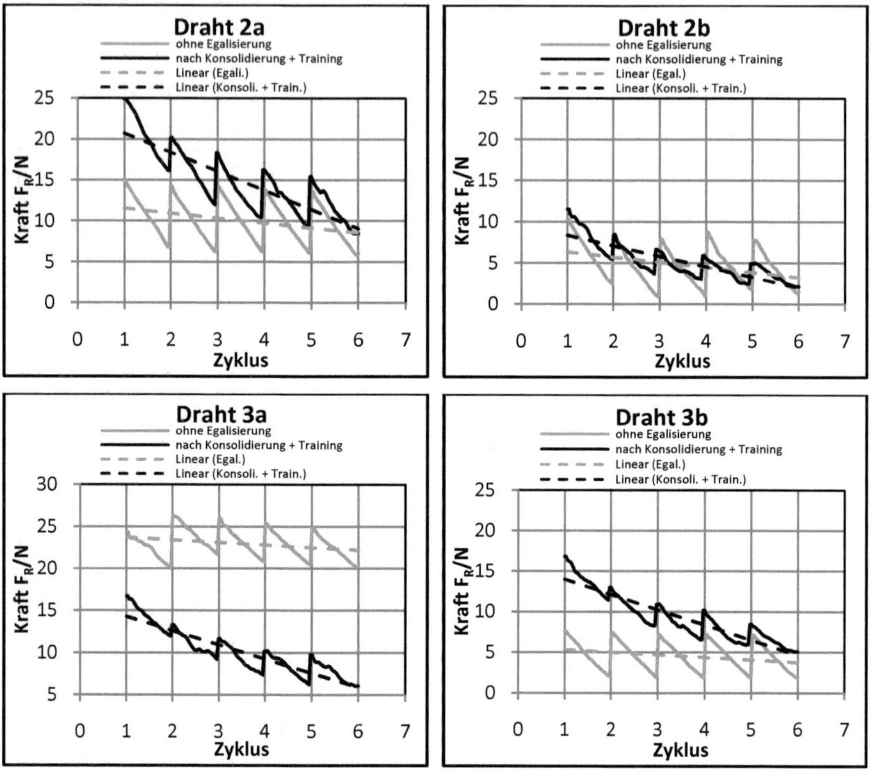

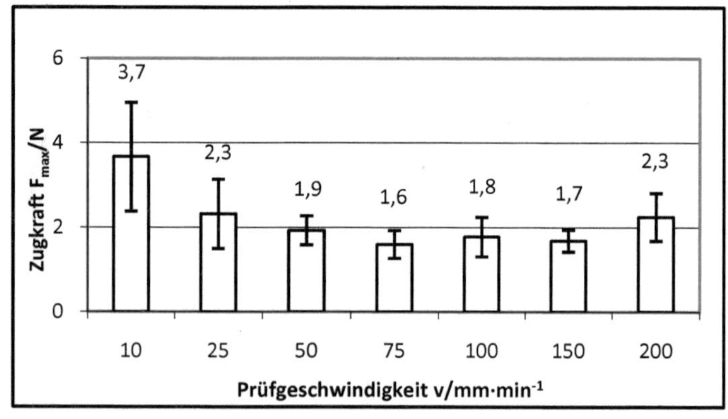

Anhang 7: Ermittlung der Prüfgeschwindigkeit im Mantelabstreifversuch

Literaturverzeichnis

[1]   Schutzrecht DE 3322598: Verbundwerkstoff mit hoher Zugfestigkeit bestehend aus einer Kunststoffmatrix mit einer eingebetteten Bewehrung und Verfahren zu dessen Herstellung. BBC Aktiengesellschaft Brown Boveri & Cie (06.12.1984). Albrecht; Wüthrich. Pr.: CH 3072-83

[2]   Schutzrecht DE 10028693: Faserverbundbauteil. Bayrische Motorenwerke AG (13.12.2001). Jovanovic.

[3]   NAGAI, H.; OISHI, R.: Shape memory alloys as strain sensors in composites. Smart Materials and Structures 15(2006), pp. 493-498

[4]   BALTÁ NEUMANN, J. A.: Adaptive Composites with embedded shape memory alloy wires. Lasanne, Ecole Polytechnique Fédérale de Lausanne, Diss. 2003

[5]   ZHENGA, Y. J.; CUIA, L. S.; SCHROOTEN, J.: Basic design guidelines of SMA/epoxy smart composites. Materials Sciences and Engineering A 390(2005), pp. 139-143

[6]   Schutzrecht US 5614305. Impact and perforation resistant composite structures. Virginia Tech Intellectual Properties (25.03.1997). Paine; Rogers. Pr.: US 385547

[7]   VLASVELD, D. P. V.; DAUD, W.; BERSEE, H. E. N.; PICKEN, S. J.: Continuous fibre composites with a nanocomposite matrix: Improvement of flexural and compressive strength at elevated temperatures. Composites Part A, 38 (2007), S. 730-738

[8]   GRADY, B.; POMPEO F.; SHAMBOUGH R.; RESASCO D.: Nucleation of polypropylene crystallization by single-walled carbon nanotubes. Journal of Physical Chemistry, Part B, A404 (2005), S. 79-84

[9]   WIEDEMANN, J.: Leichtbau: Elemente und Konstruktionen. Springer Verlag, ISBN 3-540-33656-7, 3. Auflage, 2007

[10]   Schutzrecht EP 0717133 B1: Hybridgarn und hergestelltes schrumpffähiges und geschrumpftes, permanent verformbares Textilmaterial, seine Herstellung und Verwendung. Hoechst Trevira GmbH & Co. KG (12.12.1995). Knudsen; Lichscheidt; Bak. Pr.: DE 4444917

[11]   Schutzrecht EP 0616055 B1: Verfahren und Vorrichtung zur Herstellung eines Verbundgarnes. Vetrotex France (08.03.1994). Muller et al. Pr.: FR 9303114

[12]   Schutzrecht DE 10 2007 028 373 A1. Technische Universität Dresden (11.06.2007). Paul; Cherif; Diestel.

[13]   MELZ, T.: Entwicklung und Qualifikation modularer Satellitensysteme zur adaptiven Vibrationskompensation an mechanischen Kryokühlern. Technische Universität Darmstadt, Fachbereich Maschinenbau, Dissertation 2001

[14] MARTIN, W.: Adaptive Strukturen für die Luft- und Raumfahrt. In: http://www.unibw.de/lrt6/lehre/seminar/seminare/seminar2003/Seminar03MartinT 0.pdf, (22.06.2008), EADS Deutschland GmbH Corporate Research Center Germany, Universität der Bundeswehr München, 10/2003

[15] BOWEN, C. R.; BUTLER, R.; JERVIS, R.; KIM, H. A.; SALO, A. I. T.: Morphing and Shape Control using Unsymmetrical Composites. Journal of Intelligent Material Systems and Structures 18(January 2007), pp. 89-98

[16] BAR-COHEN, Y.: Electroactive Polymers as Artificial Muscles – Reality, Potential and Challenges. In: CD-ROM. SPIE EAPAD - Short Course, San Diego California 2005

[17] MUSLOFF, A.: Experimentelle Untersuchung und Aufbau von adaptiven Strukturen. Technische Universität Berlin, Fakultät Prozesswissenschaften, Diss. 2005

[18] VORBACH, D.: Entwicklung von textilen Produkten aus elektrisch leitfähigen Cellulosefilamenten nach dem Lyocellverfahren. – Thüringisches Institut für Textil- und Kunststoff-Forschung e.V., Abschlußbericht AiF-Nr. 11977, 2001

[19] NIEMZ, F.-G.: Elektrisch leitfähige Lyocell-Fasern – ein vielseitig einsetzbarer Funktionswerkstoff in Textilien. Thüringisches Institut für Textil- und Kunststoff-Forschung Rudolstadt, Vortrag, 6. Dresdner Textiltagung, 2002

[20] Thüringisches Institut für Textil- und Kunststoff-Forschung Rudolstadt: http://www.titk.de/projekte/transfer_20.htm, 28.10.05

[21] Thüringische Institut für Textil- und Kunststoff-Forschung Rudolstadt: http://www.titk.de/projekte/transfer_04.htm, 19.11.05

[22] KÄSE, S.: Beitrag zur Funktionsintegration in Faserverbundwerkstoffen und experimentelle Untersuchungen zur textilen Verarbeitbarkeit von Formgedächtnislegierungen. Technische Universität Dresden, Fakultät Maschinenwesen, Großer Beleg, 2006

[23] MITSCHKE, F.: Glasfasern Physik und Technologie. ISBN: 3827416292, 2005

[24] http://www.glasfaserinfo.de/glasfaserkabel.html, 11.11.2005

[25] SCHOLLMEYER, E.; SCHLOßER, U.; JANSEN, K.: Die Mikrosystem- und Mikrostrukturtechnik als Potenzial für die Integration von Sensoren in Technischen Textilien. Vortrag, Jahrestagung Forschungskuratorium Textil, 2005

[26] LEMME, H.: Das Band, das weiß, wo es ist. In: Elektronik, Poing, Band 50 (2001) Heft 19 – S. 64-67

[27] Fa. ALTHEN GmbH Meß- und Sensortechnik, Dokumentation, Kelkheim, Deutschland, 2006

[28] Bundesministerium für Bildung und Forschung (BMBF): Kunststoffe mit Memory-Effekt. Diese Werkstoffe erinnern sich an ihre Form. http://deutschland.das vonmorgen.de/de/4750.php, 14.09.2005

[29] GKSS Forschungszentrum, Institut für Polymerforschung: Stimuli-sensitive Polymersysteme. http://www.gkss.de/pages.php?page=c_polymersysteme.html& language=d&version=g, 09.11.2005

[30] BEHL, M.; LENDLEIN, A.: Shape-Memory Polymers: Dual Shape Materials for Biomedical Applications. Center for Biomaterial Development, Institute of Polymer Research, GKSS Research Center Geesthacht, Teltow, Germany

[31] JENDRITZA, D. J.: Technischer Einsatz neuer Aktoren. Expert Verlag, Band 484, 2. Auflage 1998, ISBN 3-8169-1589-2

[32] ELSPASS, W. J.; FLEMMING, M.: Aktive Funktionsbauweisen – Eine Einführung in die Struktronik. Springer Verlag, 1998, ISBN 3-540-63743-5

[33] Verband der Keramischen Industrie e.V.: Brevier Technische Keramik, http://www.keramverband.de/brevier_dt/3/4/2/3_4_2_8.htm, 16.11.2008

[34] Piezosystem Jena GmbH, Dokumentation, Beschreibung der theoretischen Grundlagen „Die Piezofibel", http://www.piezojena.com/files.php4?dl_mg_id =229&file=dl_mg_1195142143.pdf, 30.10.2008

[35] Physik Instrumente (PI) GmbH & Co. KG: Dokumentation, http://www.physik instrumente.de/de/produkte/prdetail.php?VID=&sortnr=400800.25, 07.11.2008

[36] http://de.wikipedia.org/wiki/Elektrostriktion, 13.08.2008

[37] SCHLEGEL, T.: Elektrische Leitfähigkeit und piezoelektrisches Verhalten von Bismutferrit-Bleititanat, Technische Universität Darmstadt, Fachbereich Material- und Geowissenschaften, Dissertation, 2007

[38] PAWELCZAK, D.: Nutzung inhäremter Messeffekte von Aktoren und Methoden zur sensorlosen Positionsmessung im Betrieb. Universität der Bundeswehr München, Fakultät der Elektrotechnik und Informationstechnik, Dissertation, 2005

[39] CHOPRA, I.: Review of State of Art of Smart Structures and Integrated Systems, American Institute of Aeronautics and Astronautics Journal, Vol. 40, No. 11, P. 2145-2187, 2002

[40] WEICKERT, F.: Quantenkritisches Verhalten in hochkorrelierten Elektronensystemen. Cuvillier Verlag, ISBN: 3867270309, Dissertation, Dresden, 2006

[41] LINNEMANN, K.: Magnetostriktive und piezoelektrische Materialien – Konstitutive Modellierung und Finite-Element-Formulierung, Universität Fridericiana zu Karlsruhe, Fakultät für Bauingenieur-, Geo- und Umweltwissenschaften, Dissertation, 2007

[42] http://www.p.lodz.pl/autexrj/No3/001.pdf, 12/2005

[43] Memory-Metalle GmbH: Infoblatt Nr. 6, Die Zweiweg-Formgedächt-niseffekte, http://www.memory-metalle.de/html/03_knowhow/PDF/MM_06_zweiwegeffekte _d.pdf, 03.12.2008

[44] KAACK, M.: Elastische Eigenschaften von NiTi-Formgedächtnis- Legierungen. Ruhr-Universität Bochum, Fakultät für Physik und Astronomie, Dissertation, 2002

[45] HELM, D.: Modellierung des thermomechanischen Verhaltens von Gedächtnislegierungen. Internetpräsentation, Universität Kassel, Institut für Mechanik, http://www.ifm.maschinenbau.uni-kassel.de/~helm/shape-memoryalloys-copy.ht ml, 24.01.2009

[46] Schutzrecht WO 1998024690: Three dimensional active composite membrane, for instance SMA actuated. Cora S.-V.; Thibert M.; Trochu F. (11.06.1998). Cora; Thibert; Trochu. Pr.: CA 2192243

[47] Schutzrecht DE 29923219 U1: Adaptiver Formgedächtnisverbund. Forschungsverbund Berlin e. V. (31.08.2000). Pr.: DE 19913973

[48] GLÄSER, S.; GÜMPEL, P.; KILPERT, H.; STRITTMATTER, J.: Schnellschaltende Aktoren für adaptive Sicherheitssysteme im Kraftfahrzeugbau. Konstanz: Fachhochschule Konstanz, Abschlussbericht, 2005

[49] PAUL, Ch.; DIESTEL, O.; MATTHES, A.; CHERIF, Ch.: Naturfaserverstärkte Verbundwerkstoffe aus Friktionsspinnhybridgarnen. Technische Textilien 49(2006)4, S. 228 - 230

[50] CHOI, B.-D.: Entwicklung von Commingling-Hybridgarnen für langfaserverstärkte thermoplastische Verbundwerkstoffe. Technische Universität Dresden, Fakultät Maschinenwesen, Dissertation, 2005

[51] XUA, Y.; OTSUKA, K.; YOSHIDA, H.; NAGAI, H.; OISHI, R.; HORIKAWA, H.; KISHI, T.: A new method for fabricating SMA/CFRP smart hybrid composites. Intermetallics 10(2002), pp. 361-369

[52] XU, Y.; OTSUKA, K.; TOYAMA, N.; YOSHIDA, H.; NAGAI, H.; KISHI, T.: A novel technique for fabricating SMA/CFRP adaptive composites using ultrathin TiNi wires. Smart Materials and Structures 13(2004), pp. 196-202

[53] KRULEVITCH, P.; LEE, A. P.; RAMSEY, P. B.; TREVINO, J. C; HAMILTON, J.; NORTHRUP, M. A.: Thin Film Shape Memory Alloy Microactuators, Journal Microelectromech. Syst., Vol.5, No.4, (1996), p.270

[54] Schutzrecht JP 01272837: Speciality shape-memory foil yarn. Oohira Masatetsu (21.04.88), Masatetsu

[55] Schutzrecht WO 1997004895 A1: Glad shape memory alloy composite structure and method. Surface Genesis Inc. (26.07.1996), Zadno-Azizi; Subramaniam; Imran

[56] Schutzrecht DE 4307593 C1: Fadenstrukturkörper. Fraunhofer-Gesellschaft zur Förderung der Angewandten Forschung e. V. (10.03.93), Willy; Vögele; Weisener

[57] BIES, A.: Piezo-Aktoren, Physikalische Grundlagen, Arbeitsprinzipien und Anwendungsbeispiele. Hochschule für Technik und Wirtschaft Saarbrücken, Fachbereich Grundlagen, Informatik, Sensortechnik, Studienarbeit, 1999/2000

[58] HAHNEBACH, B.: Formgedächtnislegierungen für adaptive Tragwerke. Bauhaus Universität Weimar, Fakultät für Bauingenieurwesen, Diplomarbeit, 2003

[59] GIEBE, A.: Charakterisierung der mechanischen und elektrischen Eigenschaften sowie der textilen Verarbeitbarkeit von piezokeramischen Fasern. Technische Universität Dresden, Fakultät Maschinenwesen, Interdisziplinäre Projektarbeit, 2007

[60] Memory-Metalle GmbH: NiTinol Alloy Types, Conditions and Surfaces. Infosheet No. 13, http://www.memory-metalle.de/html/03_knowhow/PDF/MM_13_alloy types_e.pdf, 03.12.2008

[61] HECKMANN, A.: Mikrostruktur und Ermüdung von NiTi-Formgedächtnis-legierungen. Fortschrittsberichte VDI Reihe 5 Nr. 684. Düsseldorf: VDI Verlag 2003, ISBN 3-18-368405-5

[62] Memory-Metalle GmbH: Ausgewählte Eigenschaften von NiTi-Legierungen. Infoblatt No. 4, http://www.memory-metalle.de/html/03_knowhow/PDF/MM_04_properties_d.pdf, 12/2008

[63] HORNBOGEN, E.; KOBUS, E.: A Metallographic Study of Plastic Deformation of Martensitic NiTi. – In: Zeitschrift für Metallkunde. – Band 87 (1996) Heft 6 – S. 442-447

[64] SCHUSTER, A.: Werkstoffkundliche und fertigungstechnische Untersuchungen eines Klettverschlusses mit verwebten Formgedächtnis-Drähten. Fortschrittsberichte VDI Reihe 5 Nr. 652. Düsseldorf: VDI Verlag 2002, ISBN 3-18-365205-6

[65] STRANSKY, A.: Theoretische und experimentelle Untersuchungen zur Bestimmung der Verwirblungsstabilität und der Verarbeitungseigenschaften von Commingling-Hybridgarnen. Technische Universität Dresden, Fakultät Maschinenwesen, Diplomarbeit, 2005

[66] LORENZ, I.: Beitrag zu multifunktionalen Hohlfaser-Verbundsystemen. Kompetenzzentrum Strukturleichtbau e.V., 2005 (Schriftenreihe „Strukturleichtbau", Bd. 9) ISBN 3-936766-08-8, Technische Universität Chemnitz, Fakultät für Maschinenbau, Dissertation, 2004

[67] WODARZYK, K.: Numerische und experimentelle Untersuchungen zum deformationsverhalten anisotroper Mehrschichtverbunde mit integrierten Aktoren. Technische Universität. Fakultät Maschinenwesen, Großer Beleg, 2005

[68] Firma W. Zimmermann GmbH & Co. KG, Weiler-Simmerberg, Hersteller elastischer und technischer Garne

[69] GSTEU, M.; MOLL, K.-U.: Friktionsspinnhybridgarne für Faserverbundwerkstoffe mit Thermoplastmatrix; Technische Textilien, Jahrgang 39 (Dez. 1996) S. 184 bis 190

[70] KALDENHOFF, R.: Friktionsspinn-Hybridgarne als neuartige textile Halbzeuge zur Herstellung von Faserverbundwerkstoffen. Rheinisch-Westfälische Technische Hochschule Aachen, Fakultät Maschinenwesen, Dissertation, 1995

[71] GSTEU, M.; HANUSCH, K.: DREF 2000 Spezial-Garne für gewebte und gestrickte Schutztextilien. Taschenbuch für die Textilindustrie 2003. Berlin: Schiele & Schön, ISBN 3-7949-0691-8

[72] KOLKMANN, A.; ROYE, A.; GRIES, T.: Garn- und Textilstrukturen für textilbewehrten Beton. DWI Reports 126(2003), S. 540-545

[73] SCHEIBNER, W.; THURNER, F.; MÖHRING, U.: Sensorfäden für Belastung und Verschleiß von lastaufnehmenden Bändern und Seilen. Band- und Flechtindustrie 43(2006)2, S. 30-35

[74] ROY, T. K.; BHATTACHARYYA, P. K.: Development of substitute of asbestos fabric for using as protective clothing from DREF-3 spun jute-blended multicomponent technical yarn. Konferenz-Einzelbericht. International Seminar on Technical Textiles, Mumbay (India), 2001

[75] LINGEL, V.: Grundlagenuntersuchungen zur Verarbeitung von Glas-Stapelfasern auf der Friktionsspinnmaschine. Technische Universität Dresden, Fakultät Maschinenwesen, Diplomarbeit, 2007

[76] MATHEUSA, T. C. U.; LOPES, H. P.; SANTANA DE ALBUQERQUE, D.; ELIAS, C. N.; RESENDE DO CARMO, A. M.; OTUBO, J.; SÉRGIO DA COSTA VIANA, C.: The Fracture Evaluation of NiTi SMA Endodontics Files. Materials Research, Vol. 10, No. 4, 395-398, 2007

[77] KUPFER, R.: Einfluss des Temperiersystems in Spritzgießwerkzeugen auf die inneren Spannungen in kastenförmigen Kunststoffbauteilen. Technische Universität Dresden, Fakultät Maschinenwesen, Diplomarbeit, 2005

[78] LENZ, F.: Minimierung der Verarbeitungsschwindung der thermoplastischen Matrix bei der Herstellung von Faserverbundwerkstoffen (FVW) aus Commingling-Hybridgarnen. Technische Universität Dresden, Fakultät Maschinenwesen, Großer Beleg, 2006

[79] OBERBACH, K. et. al.: Saechtling-Kunststofftaschenbuch. 29. Ausgabe. München Hanser-Verlag, 2004, ISBN 3-446-22670-2 [80] EHRENSTEIN, G. W.: Polymerwerkstoffe - Struktur und mechanisches Verhalten. 1. Aufl. München Hanser-Verlag, 1978, ISBN 3-446-12478-0

[81] EHRENSTEIN, G. W.: Faserverbund-Kunststoffe; Werkstoffe – Verarbeitung – Eigenschaften. München: Hanser, 2006, ISBN 3-446-22716-4

[82] SCHIMMÖLLER, H.: Analytische Behandlung von Eigenspannungszuständen auf der Grundlage der Elastizitätstheorie. Düsseldorf VDI-Verlag, 1990, ISBN 3-18-148818-6

[83] HUFENBACH, W.: Textile Verbundbauweisen und Fertigungstechnologien für Leichtbaustrukturen des Maschinen- und Fahrzeugbaus. SDV - Die Medien AG, 2007, ISBN 978-3-00-022109-5

[84] PETRYNA, Y.: Vertiefung FEM II Finite-Elemente-Methode in der nichtlinearen Baustatik und Baudynamik. Technische Universität Berlin, Fachgebiet Statik und Dynamik, Lehrmaterial, 2008

[85] HAASEMANN, G.: Effektive mechanische Eigenschaften von Verbundwerkstoffen mit Biaxialgestrickverstärkung. Technische Universität Dresden, Fakultät Maschinenwesen, Dissertation, 2008, ISBN 978-3-941298-01-9

[86] ROHWER, K.: Modelle und Methoden zur Berechnung von Laminaten aus unidirektionalen Faserverbunden. Düsseldorf VDI-Verlag, 1996, ISBN 3-18-326401-3

[87] DANO, M.-L.; HYER, M. W.: SMA-induced snap-through of unsymmetric fiber-reinforce composite laminates. International Journal of Solids and Structures 40 (2003), S. 5949-5972

[88]   HUFENBACH, W.; GRÜBER, B.: Berechnung und Strukturoptimierung, Dresden: Technische Universität, Fakultät Maschinenwesen, Lehrmaterial, 2005

[89]   FIOLKA, M.: Theorie und Numerik volumetrischer Schalenelemente zur Delaminationsanalyse von Faserverbundlaminaten. Universität Kassel, Fachbereich Maschinenbau, Dissertation, 2007

[90]   BÖHM, R.: Bruchmodenbezogene Beschreibung des Degradationsverhaltens textilverstärkter Verbundwerkstoffe. Technische Universität Dresden, Fakultät Maschinenwesen, Dissertation, 2008

[91]   SCHÜRMANN, H.: Konstruieren mit Faser-Kunststoff-Verbunden. Springer-Verlag, 2. Auflage, 2007, ISBN 978-3-540-72189-5

[92]   GUDE, M.: Zum nichtlinearen Deformationsverhalten multistabiler Mehrschichtverbunde mit unsymmetrischem Strukturaufbau. Technische Universität Dresden, Fakultät Maschinenwesen, Dissertation, 2000

[93]   ALTENBACH, H.; ALTENBACH, J.; RIKARDS, R. B.: Einführung in die Mechanik der Laminat- und Sandwichtragwerke. Deutscher Verlag für Grundstoffindustrie, 1996, ISBN 3-342-00681-1

[94]   KRIEGSMANN, R.: Nichtlineare Statik der Stab- und Flächentragwerke, Leibniz Universität Hannover, Fakultät Bauingenieurwesen und Geodäsie, Lehrmaterial, 2007

[95]   FERBER, F.; KOKE, I.; FUNKE, H.: Experimentelle Ermittlung mechanischer Kenngrößen von Faserverbundwerkstoffen, http://download.r-g.de/ermittlung_kenngroessen_faserverbundwerkstoffe.pdf (10.01.2009)

[96]   ZSCHEYGE, M.: Untersuchung des Schädigungs- und Versagensverhaltens von textilverstärktem PP unter Zug- und Druckbelastung. Technische Universität Dresden, Fakultät Maschinenwesen, Großer Beleg, 2006

[97]   COX, H. L.: The elasticity and strength of paper and other fibrous materials. British Journal of Applied Physics 3 (1952), S.72-79

[98]   SCHARPERY, R. A.: Thermal Expansion Coefficients of Composites Based Energy Principle. Journal of Composite Materials 2 (1968), 3, S. 380-404

[99]   MAROM, G.; WEINBERG, A.: The Effect of Fibre Critical Length on the Thermal Expansion of Composite Materials. Journal of Material Science 10 (1975), S. 1005-1010

[100] SCHNEIDER, W.: Thermische Ausdehnungskoeffizienten und Wärmespannungen faserverstärkter Kunststoffe. In: Kohlenstoff- und aramidverstärkte Kunststoffe, Düsseldorf VDI-Verlag, 1977

[101] SCHMÖLLER, G.: Berechnung spritzgegossener kurzfaserverstärkter Kunststoffbauteile unter statischer und thermischer Last. Vortrag auf XXIV. FEM-Kongress in Baden-Baden, 1997